Planting Design
Notebook of Garden

（日）园三◎著

刘佩瑶◎译

庭院植物设计手册

化学工业出版社

·北京·

MIDORI NO DESIGN SUMAI TO HIKITATEAU SEKKEI SHUHO by Enzo

Copyright © Enzo, 2020

All rights reserved.

Original Japanese edition published by Gakugei Shuppansha

Simplified Chinese translation copyright © 2024 by Chemical Industry Press Co., Ltd.

This Simplified Chinese edition published by arrangement with Gakugei Shuppansha, Kyoto, through HonnoKizuna, Inc., Tokyo, and Beijing Kareka Consultation Center

本书中文简体字版由学芸出版社授权化学工业出版社独家出版发行。

本书仅限在中国内地（大陆）销售，不得销往中国香港、澳门和台湾地区。未经许可，不得以任何方式复制或抄袭本书的任何部分，违者必究。

北京市版权局著作权合同登记号：01-2023-4964

图书在版编目（CIP）数据

庭院植物设计手册／（日）园三著；刘佩瑶译. —
北京：化学工业出版社，2024.4
ISBN 978-7-122-45119-4

Ⅰ. ①庭… Ⅱ. ①园… ②刘… Ⅲ. ①庭院–园林植物–园林设计–手册 Ⅳ. ①TU986.2-62

中国国家版本馆 CIP 数据核字（2024）第 040788 号

责任编辑：吕梦瑶　　　　　　　　　　装帧设计：对白设计
责任校对：王鹏飞

出版发行：化学工业出版社（北京市东城区青年湖南街 13 号　邮政编码 100011）
印　　装：北京宝隆世纪印刷有限公司
787mm×1092mm　1/16　印张 12　字数 350 千字　2024 年 8 月北京第 1 版第 1 次印刷

购书咨询：010-64518888　　　　　　售后服务：010-64518899
网　　址：http://www.cip.com.cn
凡购买本书，如有缺损质量问题，本社销售中心负责调换。

定　　价：78.00 元　　　　　　　　　　　　　　　版权所有　违者必究

前言

当我们走在街上时，时常会莫名地觉得某幢住宅氛围独特，庭院与建筑结合得十分完美。这种"难以言喻的魅力"其实就隐藏在那些与建筑规模和建筑体积形成巧妙平衡的植物之中，源自庭院主人对植物的喜爱。

仔细观察就会发现，这些庭院的构成要素其实是非常丰富的。比如，用于强调室内外连续性、边界以及进深的树木的选择方法；植物构图和斑驳树影共同营造出的丰富且令人愉悦的动线与序列；林下植物与街景的巧妙融合；给嗅觉、味觉、听觉，甚至足下触觉带来舒适体验的日常场景。具备这些要素的庭院必然是魅力十足的，于外为街景增色，于内为日常生活提供了更多的可能性。本书的目的就是在揭秘庭院"难以言喻的魅力"的同时，从各个角度为您解读庭院空间的构成。

本书中收录的24个庭院均为笔者作为景观设计师参与设计的。但事实上，想要建造一个庭院，单靠景观设计师是不够的。在为住宅设计庭院的过程中，景观设计师的任务是利用建筑师所提供的场景进行植物搭配，考虑能够为庭院主人提供一个带来何种体验的"舞台"，并将其具象化。也就是说，只有充分考虑建筑师和庭院主人的想法，并且建筑、庭院、屋主三者之间存在一种"合作"关系的前提下，庭院中丰富的生活场景才有可能成为现实。

希望通过解读庭院和房屋完美结合的实际案例，能够为各位建筑师和景观设计师提供一些参考。

同时，如果本书能够成为各位庭院主人探索生活这一丰富"变奏曲"的新契机，我将感到非常荣幸。

在本书的第一部分，笔者通过24所住宅的实景图和平面图向您展示建筑和庭院之间的关系，并将这些实例划分为"善用比例""落实体验""贴近周边""面向城市"四章，读者只需从自己感兴趣的部分读起即可。毕竟，想要一次性讲完庭院的所有构成要素本就是不现实的。为了帮助读者能够更好地了解每个庭院的个性，笔者使用了以下图标辅助理解（按行为划分）。

视 ｜ 从室内和通道的视角进行植物造景

行 ｜ 享受散步的乐趣

听 ｜ 声音的设计，比如水盘中的滴水声

嗅 ｜ 品味花草树木四季的芬芳

味 ｜ 家庭菜园：香草、果实等能为餐桌添彩的植物

第二部分主要介绍在实际造园过程中会运用到的技术手法、材料、工序等。从造园的大流程到和庭院主人的对话、树木的作用，再到石头、灌木和草本植物以及地被植物的选择方法，希望这部分内容能够帮助读者在脑海中形成一个较为完整的造园过程。

最后，如果本书能够成为各位读者萌生新灵感的一个契机，为城市空间增添一点绿意，我将感到无比荣幸。

园三（田畑了）

目录

第二部分　造园的方法

第一部分

融入环境的
植物设计

在第一部分中，将24所住宅的造园实例分成四章进行介绍。

"善用比例"中的庭院在设计时都将功夫下在了建筑空间的进深、连续性、边界等关键问题上。而"落实体验"中收录的庭院则更重视户主的五感体验。"贴近周边"这部分展示了充分发挥地区优势或抓住环境理念进行设计的成功案例。最后，"面向城市"中的庭院则凭借自身的设计为绿意盎然的街景作出了贡献。

白蜡树

山樱

掌叶枫

利用倾斜地势打造立体散步体验

这是一所位于市内清净住宅区中的住宅。东邻绿地公园，可以眺望森林景观。地基整体为陡坡，设置了一层前庭、一层主庭、从一层通往二层的露庭、位于二层内部的露台，以及可以从三层起居室和厨房眺望的庭院。从二层的两处露天区域，均可观赏到公园的森林美景。

HX-villa

所在地　　：爱知县名古屋市
户　型　　：地下+地上二层
家庭成员：4人
竣工时间：2016年
占地面积：499.93m²
建筑面积：149.92m²
建筑设计：arstudio

CASE 01

山樱

日光冷杉

紫薇

白蜡树

具柄冬青

掌叶枫

白蜡树

蜡瓣花

景石

麦冬

蜡瓣花

引人遐想的前庭

©arstudio.co.jp

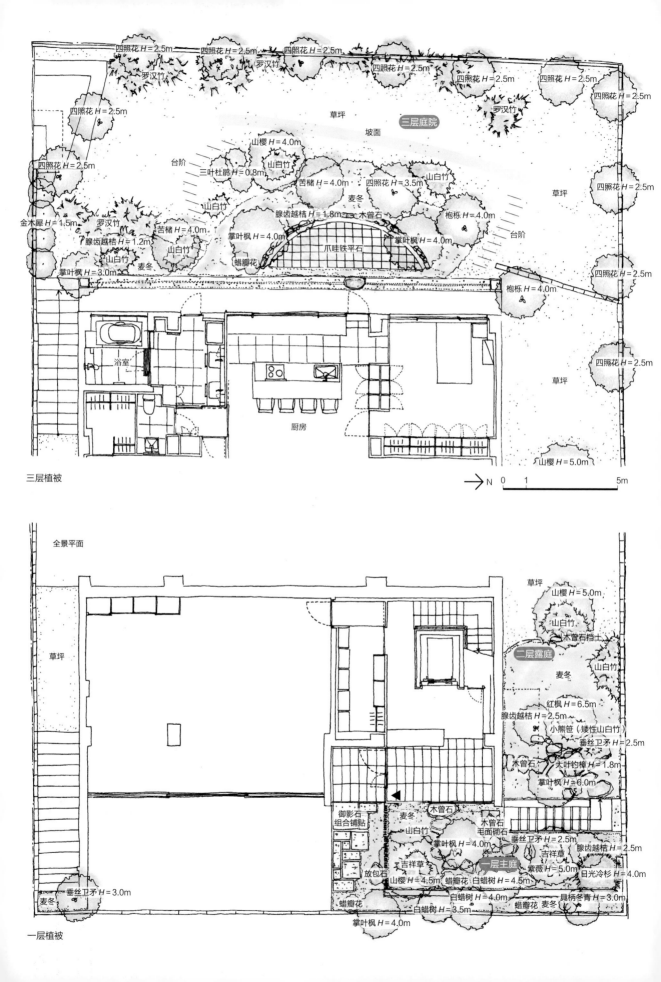

四照花 H=2.5m　四照花 H=2.5m　四照花 H=2.5m
罗汉竹　　　　　　　　　　　四照花 H=2.5m
　　　　　　　　　　　　　四照花 H=2.5m　四照花 H=2.5m
　　　　　　　　草坪　　　三层庭院　　　　　四照花 H=2.5m
四照花 H=2.5m　　　　　　坡面　　　　　　罗汉竹
　　　　　　　　山樱 H=4.0m
台阶　　　三叶杜鹃 H=0.8m　　山白竹　　草坪　四照花 H=2.5m
四照花 H=2.5m　　　　山白竹　苦槠 H=4.0m　四照花 H=3.5m
金木犀 H=1.5m　罗汉竹　　　腺齿越桔 H=1.8m　木曾石　槲栎 H=4.0m
　　　腺齿越桔 H=1.2m　苦槠 H=4.0m　掌叶枫 H=4.0m　　掌叶枫 H=4.0m　台阶
　　山白竹　麦冬　山白竹　　　爪哇铁平石　　　　　　四照花 H=2.5m
掌叶枫 H=3.0m　　麦冬　蜡瓣花　　　　　　　　　　槲栎 H=4.0m

浴室　　　　　　　　　　　　　　　　　　　　四照花 H=2.5m

　　　　　　　　　　　厨房　　　　　　　　　草坪

三层植被　　　　　　　　　　　　　　　　　　山樱 H=5.0m
→N　0　1　　　5m

全景平面
　　　　　　　　　　　　　　　　　　　草坪
　　　　　　　　　　　　　　　　　　　山樱 H=5.0m
草坪　　　　　　　　　　　　　　　　　山白竹
　　　　　　　　　　　　　　　　　　木曾石挡土
　　　　　　　　　　　　　　　　二层露庭　山白竹
　　　　　　　　　　　　　　　　　麦冬
　　　　　　　　　　　　　　　　红枫 H=6.5m
　　　　　　　　　　　　　腺齿越桔 H=2.5m
　　　　　　　　　　　　　　小熊笹（矮性山白竹）
　　　　　　　　　　　　　　垂丝卫矛 H=2.5m
　　　　　　　　　　　木曾石　大叶钓樟 H=1.8m
　　　　　　　　　　　　　掌叶枫 H=6.0m

　　　　　　　　御影石　木曾石
　　　　　　　　组合铺贴　毛面砌石
　　　　　　　　麦冬　　　　　　垂丝卫矛 H=2.5m
　　　　　　　山白竹　　　　吉祥草　腺齿越桔 H=2.5m
　　　　　　放包石　掌叶枫 H=4.0m　紫薇 H=5.0m　日光冷杉 H=4.0m
麦冬　垂丝卫矛 H=3.0m　吉祥草　一层主庭
　　　　山樱 H=4.5m　蜡瓣花　白蜡树 H=4.5m
　　蜡瓣花　　白蜡树 H=4.0m　蜡瓣花　麦冬　具柄冬青 H=3.0m
　　　　　　白蜡树 H=3.5m
　　掌叶枫 H=4.0m

一层植被

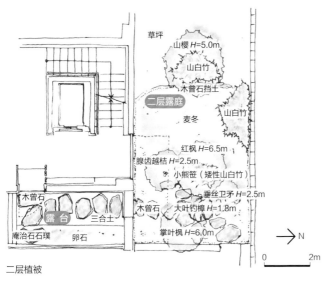

草坪
山樱 H=5.0m
山白竹
木曽石挡土
二层露庭
麦冬
山白竹
红枫 H=6.5m
腺齿越桔 H=2.5m
小熊笹（矮性山白竹）
垂丝卫矛 H=2.5m
木曽石
大叶钓樟 H=1.8m
木曽石
露 台
三合土
庵治石石璞
卵石
掌叶枫 H=6.0m

0 ———— 2m

N

二层植被

傍晚时分的御影石石板路 ©arstudio.co.jp

白蜡树　马醉木　金木犀　枹栎　三叶杜鹃　腺齿越桔　红枫　大山樱　蜡瓣花　具柄冬青

四照花　掌叶枫　山樱　雷公鹅耳枥　日光冷杉　大叶钓樟　紫薇　罗汉竹　垂丝卫矛　苦槠

作为主角的植物

丰富路边景观的种植带

 前庭

大块方形御影石石板的组合铺贴 ©arstudio.co.jp

兼具围墙功能的RC（钢筋混凝土）墙与门前通道之间设有约600mm宽的种植带，恰好可以打造绿意盎然的前庭。乔木选用白蜡树和掌叶枫等树形修长的品种，常绿的具柄冬青可以避免冬季过于冷清，灌木选用蜡瓣花，地面种植麦冬，搭配景石（日本庭院中，为了增添日式风情而在各处散置的石头）。

门前通道用450mm×450mm、300mm×600mm、300mm×300mm、900mm×600mm的方形御影石❶石板组合铺贴而成。虽然通常情况下我们会选用300mm×300mm、300mm×600mm等常规尺寸的石板，但为了与建筑正面的巨大体量感形成平衡并凸显张力，于是搭配了尺寸较大的石板。

御影石石板旁边的景石叫作"放包石"。其包含着来到周末住宅就请放松下来、暂时忘记工作的含义。

❶ 御影石即花岗石，"御影"是由日本兵库县神户市的地名而来。

5

掌叶枫

山樱

麦冬

山白竹

一层主庭 | 享受树影的露天区域　©arstudio.co.jp

日光冷杉

紫薇

山白竹

白蜡树

晕石

蜡瓣花

吉祥草

— 巧用坡面的杂木庭院

从玄关门厅看到的主庭 ©arstudio.co.jp

掌叶枫

从玄关处的门厅可以望见主庭，在隔开街道和庭院的RC墙前搭配了高大的山樱等树木，旨在从围墙内侧为前庭打造枝叶伸展的景致。前庭中也选用了高大的树木，形成树木将围墙夹在中间的状态。前庭中种植了刚刚提到的白蜡树和掌叶枫，主庭选用山樱、掌叶枫和白蜡树，通过这种前后搭配营造出透视感和立体感。多种乔木树干及其光影交织而成的景色、惠那石材质的踏脚石，以及麦冬等地被植物，为玄关门厅营造了一种幽静的氛围。

从玄关门厅到主庭，可以一边欣赏院内美景，一边顺着坡面到达二楼，客人也可以从这里进出。

玄关处高达4m的笔直的掌叶枫成为一楼玄关门厅的背景
©arstudio.co.jp

━ 配合建筑开口打造"枫景"

由一层延续至二层的露天区域   ©arstudio.co.jp

　　在一层和二层之间的露天区域布置踏脚石，将一层主庭和二层入口连接起来。从二层入口旁的大开口处可以观赏到枫树的根部和下部的枝丫，以及各种草本植物。而三层的开口则恰好截下枫树枝叶生机勃勃的景致，使红叶成为一大看点。二层露庭搭配红枫、掌叶枫、腺齿越桔、垂丝卫矛，地被植物选用麦冬，与一层主庭形成连贯的空间。

　　放置踏脚石后，作为背景的草地坡面就产生了恰到好处的留白，我们在这里放置了石灯笼，以作为通往露台的路标。

从二层面对庭院的楼梯间看到的红枫，
枝叶可以一直伸展至三层楼梯井
©arstudio.co.jp

二层露庭内的红枫，高6.5m，非常具有存在感　©arstudio.co.jp

露台 | 使用了惠那石材质的踏脚石和三合土质感的素土地面，对材料的选择相当讲究
©arstudio.co.jp

雨链

庵治石水盘

惠那石

一 阳台里的庭院余韵

露台

　　从二层露庭穿过隔扇，内侧就是通向和室和佛堂的露台。

　　为了与二层露庭连贯起来，在露台也放置了**惠那石**材质的踏脚石，以营造传统日式氛围：素土地面搭配**惠那石**。同时在处理上，刮去素土地面表层，露出骨料，呈现一种类似地毯的质感。庭院主人非常满意这一处理方式，二层的台阶也做成了同样的质感。

　　由于屋檐下的雨链恰好垂入露台，于是在此设置了盛接雨水的水盘。水盘的材料选用了四国产的**庵治石**石璞，即剥离中心原石后剩下的天然石头，凹陷处恰好可以存水，就将其作为水盘二次利用了。

庵治石石璞制成的水盘
©arstudio.co.jp

掌叶枫

掌叶枫

木曾石毛石墙

蜡瓣花

爪哇铁平石

三层庭院 | 从起居室和厨房看到的阳台

ー 切割坡面以扩大起居室和厨房

从厨房窗口可以欣赏到绿意盎然的坡面　©arstudio.co.jp

　　沿山体建造的三层庭院充分利用了陡坡的立体感。在山体的坡面上切出半圆形的阳台，从三层的厨房可以直接到达。在切出的斜面上堆砌**木曾石**，形成扇形的毛石墙，道路铺砖则选用**爪哇铁平石**。阳台两侧种植了掌叶枫，其枝叶从两边垂入。从厨房可以眺望枫树枝叶垂悬于阳台之上的景观，站在阳台中则可以欣赏到蓝天下被枫叶笼罩的美景。

　　同时，不仅可以远眺坡面上的绿意，我们还在坡面上设置了台阶和适当的坡度，以便庭院主人进行休闲活动。修建台阶也有利于日后庭院的维护。坡面的地被植物选择了色泽明亮的草坪，部分区域种植了麦冬和山白竹，与一层和二层的庭院形成风格上的统一。

　　除了四照花、腺齿越桔、枹栎、苦槠、掌叶枫外，还应庭院主人的要求搭配了罗汉竹。

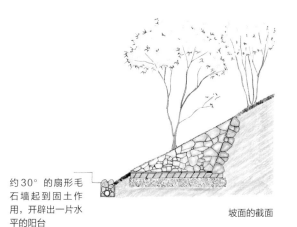

约30°的扇形毛石墙起到固土作用，开辟出一片水平的阳台

坡面的截面

CASE 02

利用植物打造空间的纵深感

这是一座位于市内清净住宅区某拐角处的木结构平房。这所住宅在面对道路的正面设有舒适的前庭，内部设计了三处庭院。大门前的通道部分使用石材打造出具有高差的景色。住宅内部包括玄关处的中庭、浴室旁的里院及被三面包围、可以从好几个房间同时眺望的主庭。

岐阜住宅

所在地　：岐阜县
户型　　：木结构平房
家庭成员：夫妻
竣工时间：2018年
占地面积：661.165m²
建筑面积：368.52m²
建筑设计：岐阜建筑设计事务所

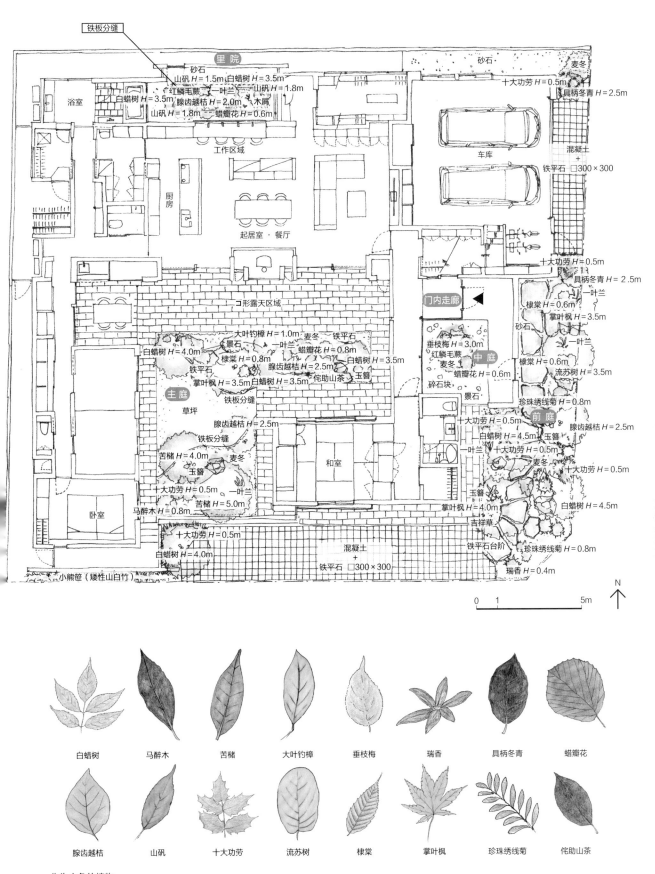

作为主角的植物

朵木中缓缓抬升的南侧通道　©Masato Kawano / Nacasa & Partners

一 用大块铁平石打造玄关外的台阶通道

从东侧看到的前庭外观 　©Masato Kawano / Nacasa & Partners

住宅用地的东南两侧都是公共道路，东侧为车库入口，南侧设置了客用车位。从车位和公共道路均可穿过庭院到达外玄关。

在外玄关处设计了两个方向的门前通道，分别是从南侧停车场和从东侧公共道路延伸过来的。由于外玄关的门高出道路约700mm，于是通过垫土的方式改变了这一部分的地势。通道的地面使用了大块的**铁平石**。在设计时尽量选择了便于通行且别出心裁、具有美感的石材。

由于南侧通道距离较长（约10m），于是利用石头的厚度，按照每块50mm的高差，形成7%的坡度，设计成逐渐升高的慢坡。

东侧通道使用厚**铁平石**，设置了级高150mm的台阶。

一 迎客空间

庭院主人希望将前庭设计成种有枫树的森林旅馆式庭院，因此，为了展现山野风景，搭配了**木曾石**制成的景石。同时，我们建议在南侧通道沿途放置**铁平石**材质的景石，可作为招待客人用的花台（放置花瓶的台座）。应庭院主人要求，院内主要种植掌叶枫，搭配白蜡树、腺齿越桔、具柄冬青、蜡瓣花、棣棠、珍珠绣线菊、吉祥草等植物，以营造山野氛围。

为了给部分种在屋檐下的植物浇水，院内还配备了自动喷水装置。为了防止控制装置和水管影响美观，我们尽量将其设置在不显眼的地方，同时种植了十大功劳等常绿植物作为围挡。

在客用车位一侧的通道入口处种上瑞香，以制造在春天经过时被花香包围的体验。

此外，为了防止坡面土壤的流失，种植地被植物是非常必要的。因此，我们在这一区域使用地毯状的麦冬进行全面覆盖。在面对公共道路的两处边界线上，将涂饰成黑色的铁板埋入地里，这样既可以防止土壤流失，也能使边界处看起来更加整齐。

掌叶枫

白蜡树

十大功劳

蜡瓣花

吉祥草

珍珠绣线菊

南侧通道的铁平石。没有设计成等高的台阶，而是专门做成了不规则的形态。右下角的铁平石可作为花台使用

©Masato Kawano / Nacasa & Partners

从玄关看到的门内走廊处的垂枝梅　©Masato Kawano / Nacasa & Partners

— 令人眼前一亮的垂枝梅

开花时的垂枝梅、碎石块和麦冬

外玄关和玄关大门之间有一条L形的门内走廊，在这里设置了一处中庭。考虑到这里是迎接访客的重要场所，于是选用了树形独特、花朵华美的垂枝梅。没被房檐遮挡的部分与外面的通道处相同，都放置了景石，再将麦冬之类的地被植物按补丁状种植。

中庭的地面上铺设了人工切割的方形铁平石，并在岛状种植区域周围铺满拳头大小的碎石块。考虑到垂枝梅的存在感、人工切割的方形铁平石地面的肌理感，以及墙壁手工瓷砖的厚重感，我们最终选用了能与这三者的氛围形成平衡的碎石块。由于建筑本身在设计上是充满质感和厚重感的，因此在设计庭院时我们也尽量选用了力量感较强的材质，以保留空间的张力。

— 利用苦槠营造私密性和纵深感

主庭 | 用于打造私密空间的苦槠　　©Masato Kawano / Nacasa & Partners

主庭被三面包围，和室、走廊、起居室、餐厅、厨房、卧室，基本上从所有的房间均能看见主庭。

主庭未被房间包围的一侧是另一户人家，庭院主人担心从邻居家的二层可以看见自家住宅的内部。于是，为了充分地保护隐私，我们在该侧的围墙内种植了两棵苦槠。

 主庭1

主庭的露天地面铺设了和住宅地面一样的方砖，起居室一侧的地面宽度留得更多些。在距离建筑较近的地方种植时，要避免植物与建筑间的距离感过大，因此选择从起居室一侧开始种植。

为了使室内尽可能多地感受绿意，我们在起居室一侧沿露天地面的种植区域内种植了不少树木。除了在靠近和室的地方种了常绿的山茶以外，其余部分都是利用各种落叶杂木组合造景。使用落叶树可以使庭院在冬季时获得更好的视野，而高大、常绿的苦槠作为背景，可以凸显庭院空间的纵深感。

大叶钓樟

马醉木

玉簪

白蜡树

棣棠

姜冬

一叶兰

掌叶枫

白蜡树

马醉木

侘助山茶

白蜡树

棣棠

玉簪

铁平石

草坪和麦冬间的铁板分缝

主庭的地面上放置了**木曾石**景石，种着**麦冬**等地被植物。为使东西两部分连贯起来，在种植区的中央部分铺设了**草坪**，这样一走出起居室就是**草坪**。在**草坪**和**麦冬**之间插入弧形铁板作为分缝，既能防止**草坪**长到**麦冬**一侧，也强调了两者之间的界线。为了便于打理，此处设置了自动喷水装置。从和室的地窗处正好可以欣赏到从**苦槠**叶间洒落的阳光及呈小山坡状的草坪景色。

从和室的地窗处看到的景致
©Masato Kawano / Nacasa & Partners

和室的地窗处可以看到从苦槠叶间洒落的阳光

主庭的傍晚。里侧是起居室和餐厅　©Masato Kawano / Nacasa & Partners

里院中的山野风景

种植带设置了高250mm的铁板

从工作区域看到的里院

除浴室外，从吧台式的工作区域也可以看见这个细长的长方形庭院。工作区域面对里院，而里院的背景墙恰好像窗帘一样将这一区域包围起来，形成一个私密的空间。院内种植了常绿的山矾，作为工作区域和浴室之间的视线屏障。

为了打造可以作为视线屏障的风景，我们将这里的种植带抬高了一部分。同时为了避免压迫感，先用高250mm的铁板圈出一个比院子小一圈的方形区域，并在这一区域内设置种植带，打造山野景色。

植物选用较高的白蜡树、腺齿越桔、山矾等，树下搭配一叶兰、红鳞毛蕨等。具体布局形式以从室内看到的景色为准。

从浴室看到的里院　　©Masato Kawano / Nacasa & Partners

CASE 03

举树

一棵树形成的"疏"之景

这是位于某20世纪80年代的开发区内的一所RC结构二层住宅，是一个三口之家。住宅内共有三处庭院，分别是因雪白的墙壁而令人印象深刻的前庭、玄关门厅处的庭院，以及从起居室、餐厅、厨房均可眺望到的中庭。整幢建筑没有朝外的窗户，在造园时我们也利用了这一特点，配合雪白的墙壁打造简约的庭院。

N Residence

所在地 ：岐阜县岐阜市
户型 ：RC结构二层建筑
家庭成员：夫妻＋孩子
竣工时间：2006年
占地面积：222.03m²
建筑面积：113.41m²
建筑设计：岐阜建筑设计事务所

前庭 │ 树形优美的榉树

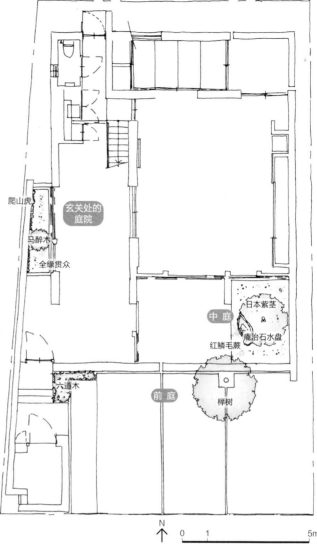

前庭

━ 一棵令人着迷的榉树

我们在车位和居住区域之间的种植区域种了一棵榉树。由于这棵树将成为整幢住宅的核心景致，所以在选择上必须慎重。经过层层筛选，最终，我们选定了榉树，并且为了打造出完美的树形，还用竹棒将树枝撑开。

平面图标注：
爬山虎
马醉木
全缘贯众
玄关处的庭院
中庭
日本紫茎
庵治石水盘
红鳞毛蕨
六道木
前庭
榉树

N 0 1 5m

用竹棒矫正树形

━ 对树形的追求

中庭1

在被白色墙壁包围的庭院中，平时司空见惯的植物和天空的细节会被放大。此时，庭院背景的重要性就凸显出来了。日本紫茎在被阳光过度直射的情况下会从顶端开始逐渐枯萎。野生日本紫茎生长在海拔800m以上的地区，这类树木喜欢寒冷的环境和菌群活动较少的土壤。为了尽可能地还原这种环境，我们选用了稍微偏酸性的土壤，并且设法控制其肥沃程度。

以杜鹃花科植物中的"万能型选手"皋月杜鹃和白花杜鹃为例，还有刚毛马银花、三叶杜鹃、腺齿越桔、南方越橘等均需使土壤变酸。

虽然距离造园完成已过去多年，但庭院内的日本紫茎依旧长势喜人。

将墙壁夹在中间的日本紫茎（左）和榉树（右）

榉树

日本紫茎

庵治石水盘

红鳞毛蕨

中庭 | 日本紫茎和庵治石水盘

用日本紫茎和水盘营造庭院意趣

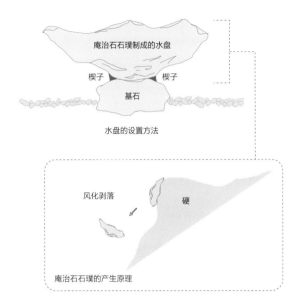

水盘的设置方法

庵治石石璞制成的水盘

楔子　楔子

基石

风化剥落

硬

庵治石石璞的产生原理

榉树背面的墙壁后还有一处中庭，院内种着一株日本紫茎。尽管有时会因为榉树落叶过多而不好打理，但它美丽的树形是谁都无法拒绝的。日本紫茎也是一样，我们费了很大劲才找到了形态相当优美的一棵。对于害怕阳光直射的日本紫茎来说，墙壁另一侧的榉树成了完美的"遮阳伞"。日本紫茎下放置了庵治石石璞作为水盘。当其蓄满水时，会产生一种枝叶轻拂水面的美感。庵治石水盘旁搭配了红鳞毛蕨，四周铺满了庵治石碎石，使整个空间形成一体。庭院主人爱好插花，此处的庵治石水盘还可以在蓄满水时用于插花。在基石的基础上放置石璞，不仅更贴近水盘的形状，而且凸显了石头的体量感与轮廓。顺便一提，据说雕塑家野口勇曾非常喜欢使用庵治石。

适合小型中庭的细长马醉木

爬山虎

马醉木

全缘贯众

庵治石院石

作为玄关一景的马醉木和其下方的全缘贯众

我们选择马醉木作为一进玄关就能看到的小院主角，其下搭配蕨类中的全缘贯众并铺设和中庭相同的庵治石碎石。庭院主人希望作为背景的 RC 墙上有一些绿化，于是在蔓生植物里选择了地锦（爬山虎）悄悄种下，任其一点点爬满墙壁。

蔓生植物需要慢慢成长，这是在种植前一定要告知庭院主人的。前去修剪时，也一定要和主人充分沟通，了解对方的修剪需求。由于地锦会破坏白色墙面的涂装，因此我们选择在 RC 墙一侧种植。

就树形来说，马醉木的树叶其实常常会覆盖住枝干。但由于我们找到了非常纤细的一株，所以计划尽可能简单地展现它的美。在旁边种植的全缘贯众，让院内风景更加紧凑。

纤细的马醉木

CASE 04

小叶鸡爪槭

垂丝卫矛

六道木

莲香木

百子莲

水栀子

玉簪

大花六道木 '黄色斑'

用低矮树丛打造层次丰富的迎客空间

这幢木结构二层建筑面朝美丽的榉树林荫道，建筑用地细长，开口狭窄，悬山双坡顶❶的屋顶形式令人印象深刻。除了前庭，建筑内部还包括一个从起居室、厨房、餐厅均可眺望到的中庭及一个浴室小院。我们的设计使居住者在各个房间内都能欣赏到充满绿意的风景。

I Residence

所在地　：岐阜县岐阜市
户　型　：木结构二层建筑
家庭成员：夫妻+3个孩子
竣工时间：2013年
占地面积：159.49m²
建筑面积：86.61m²
建筑设计：岐阜建筑设计事务所

❶ 原文为切妻式，是中国古代的一种屋顶样式，屋顶有一条正脊、四条垂脊，类似中国建筑的悬山屋顶。

屋顶下令人印象深刻的前庭

植物柔和了车位的混凝土质感

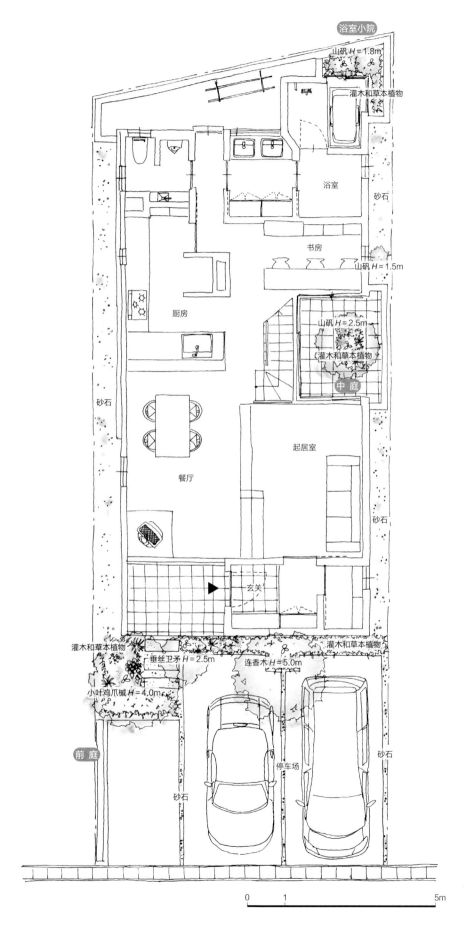

浴室小院

山矾 H = 1.8m

灌木和草本植物

浴室

砂石

书房

山矾 H = 1.5m

厨房

山矾 H = 2.5m

灌木和草本植物

中庭

砂石

起居室

砂石

餐厅

玄关

灌木和草本植物

灌木和草本植物

垂丝卫矛 H = 2.5m

连香木 H = 5.0m

小叶鸡爪槭 H = 4.0m

前庭

停车场

砂石

砂石

0   1   5m

N

━ 多姿多彩、引人入胜的门前通道

这幢悬山双坡顶住宅户型纵长，前庭的存在为受户型限制的玄关增彩不少。面向住宅，右手一侧的停车场后部与建筑边缘设有种植区域。为了适应纵长的前庭，主要植物选用了高约5m的连香木，而灌木和草本植物的种植带则呈斜列状向玄关递进，形成引人入胜的门前通道。灌木和草本植物选择了六道木、百子莲、大花六道木（黄色斑纹）、水栀子、铺地柏等。应庭院主人的喜好，尽可能多

地种植了会开花的植物。

停车场和玄关门廊间有约500mm的高差，因此我们在门前通道处垫土，用**大谷石**做台阶。台阶旁边种上了和门前通道旁相同的灌木和草本植物。住宅正面比水平视线稍高的地方有一处角窗，玄关门廊上部有一处镶死的采光窗。低处种植垂丝卫矛，高处种植单侧树枝茂盛的小叶鸡爪槭作为和邻宅间的视线屏障，同时为窗边造景。

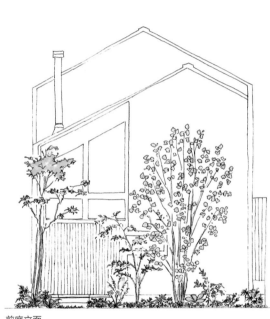

前庭立面

前庭

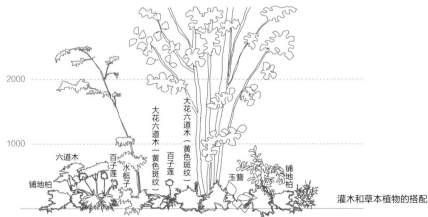

灌木和草本植物的搭配

— 与作为背景的行道树连贯起来

从室内向外望去，在小叶鸡爪槭和垂丝卫矛之后作为背景的，是街道上的高大榉树。用高原风格的连香木造景，给人一种凉爽的感觉。由于榉树和连香木都是落叶树，因此，在树下特意种植了即便在冬季也能依旧枝繁叶茂的植物。

此外，在小叶鸡爪槭下放置的碎石块是为了防止坡面土层的流失。

小叶鸡爪槭

碎石块

脚下绿意盎然的冬季景色

利用背阴处的"减法"庭院

从书房眺望中庭的山矾

从L形的书房和楼梯间均可看到中庭。由于被建筑三面包围，中庭很难获得阳光直射，因此选择了喜欢阴凉的山矾作为庭院的主角。由于庭院面积较小，所以铺上了网格状的瓷砖，利用留白打造出简约风格的"减法"庭院。只在中央的种植区域设置土层，造景时降低视线，营造一种灌木和草本植物溢出种植区域的感觉。配置的植物选用了叶子形状、质感、伸展方式等各不相同的玉簪、六道木、大花六道木（粉色斑纹）、铺地柏、金丝梅等，形成多彩组合。

宛若置身山林的入浴时光

为使浴室小院的景色能够贴合浴池边 L 形的窗口，种植区域也呈 L 形包围在窗外。遮挡视线的板壁成为庭院的背景，为了能够一边泡澡一边欣赏植物，用垫土的方式将种植带抬高了约 600mm。

这个小院利用了难以受到阳光直射这一特点，种植了几棵较矮的山矾，用纤细的枝叶来造景。

作为背景的板壁和树形纤细的山矾

CASE 05

南天竹

掌叶枫

厚重屋檐下野趣横生的露天区域

这幢住宅属于一对向往平稳生活的夫妻。在为前庭、门前通道和连廊处进行庭院设计时，注重展现其作为一幢茶室式住宅的妙趣。在注重隐私保护的墙壁上设置了纵向格子的窗口，打开左侧大门就能看到通向玄关的通道。格子的右侧是门，通向连廊处的庭院。

T Residence

所在地 ：爱知县名古屋市
户型 ：S结构+RC结构二层建筑
家庭成员：夫妻+2个孩子
竣工时间：2009年
占地面积：209.80m²
建筑面积：124.72m²
建筑设计：田中义彰/TSC Architects

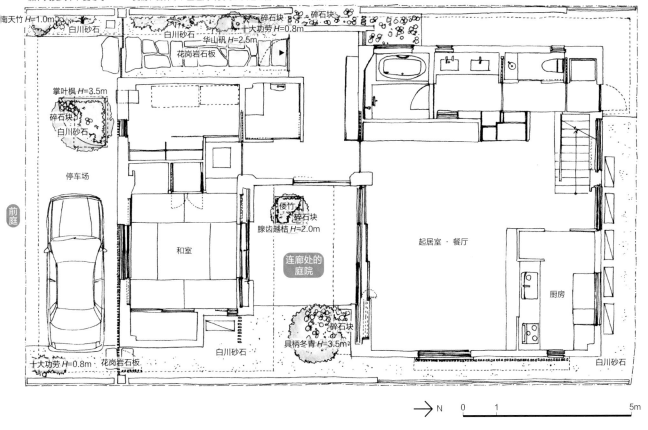

门前通道处的庭院

植物品种：
蕨、大吴风草、麦冬等

植物品种：
黄精、吉祥草、金边阔叶麦冬、白边玉簪、铁筷子、富贵草、肾形草、沿阶草等

南天竹 H=1.0m
白川砂石
白川砂石
碎石块
碎石块
十大功劳 H=0.8m
华山矾 H=2.5m
花岗岩石板

前庭

掌叶枫 H=3.5m
碎石块
白川砂石

停车场

和室

倭竹
碎石块
腺齿越桔 H=2.0m

连廊处的庭院

起居室·餐厅

厨房

十大功劳 H=0.8m
花岗岩石板
白川砂石
具柄冬青 H=3.5m

白川砂石

N   0   1   5m

水平的庄重屋檐和垂直的轻快枝干

前庭

在宽阔的屋檐下，是一片兼有停车功能的空间，这里的种植区域仅够种下一棵树。我们将种植区域之上的屋檐挖空，以便收集夜间的露水。一开始，庭院主人希望种植一棵不高于屋檐的树，但这样一来，树木和庭院景色都会显得有些拘束，因此，我们建议庭院主人种植生机勃勃的枫树，使其穿过屋檐生长。枫树上方屋檐处的雨链正好可以引导雨水流入种植带。同时，在植物附近的土壤里埋入暗渠，当雨量过大时，多余的雨水可以由此排出。此外，屋顶之上的枫树树枝会因屋顶阳光的反射而影响长势。因此，要将树干和树枝用麻质的布带包裹起来，以防枝干被烧伤。通向玄关的格子门

前放置了和门内通道相同的铁平石，采用了自然递进至入口处的设计。建筑两侧设有仿杉木质感的混凝土防火墙，明确地划分开与邻居的边界。为了柔化防火墙的无机质感，沿墙设置了种植带，这样一来，玄关侧面的空间就将格子门前的部分和里面的庭院联系起来。在这里种上了象征吉祥的南天竹，同时，为了使电线杆和水电表不那么显眼，在右侧搭配了十大功劳。

前庭穿过屋檐的枫树   ©Masato Kawano / Nacasa & Partners

35

紫薇

南天竹
将住宅边界上的植物
往前种
以凸显空间
的纵深

凸显进深的
草本植物

掌叶枫
前庭的标志性植物

十大功劳
用来围合空间的植物

碎石块

蓑冬

前庭｜可以看见门内景色的通道　©Masato Kawano / Nacasa & Partners

一 野趣横生的狭长空间

门前通道处的庭院

　　我们选择了在露天区域的背阴处也能生长的植物。2.5m高的华山矾下，有一片约0.5m宽的狭窄区域，为了营造丰富的视觉体验，选用了白边玉簪、肾形草、富贵草、沿阶草等植物，并应庭院主人的喜好搭配了铁筷子。

　　通道铺面选择了来自中国的二手建材——大块的铁平石。放在格子门前的一整块铁平石比四周的水刷石高出约2mm，通向里面的路面用小块的石板组合起来，形成（连成一面的）平整的石板路。我

们将石板间的接缝特意设计得宽一些，以突出石板凹凸的轮廓，也起到衬托格子门前的一整块石板的效果。此外，为了使分缝的颜色不过于显眼，在灰浆里混入与原石颜色相近的彩粉，使之呈现出融为一体的状态。由于靠近玄关处的屋檐下常年没有阳光照射，因此用碎石块代替了植被。

　　灵活利用大小各异的石头，在发挥个性的同时，根据实地状况调整布局，这正是处理自然素材的妙趣。

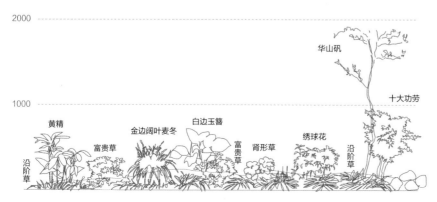

2000

1000

华山矾

十大功劳

黄精

富贵草

金边阔叶麦冬

白边玉簪

富贵草

肾形草

绣球花

沿阶草

沿阶草

植物的构成

36

华山矾

十大功劳

绣球花

肾形草

白边玉簪

沿阶草

富贵草

铁筷子

门前通道处的庭院 | 将石板间的接缝留宽　　©Masato Kawano / Nacasa & Partners

— 用优美树形作为背景的连廊

连接和室与起居室的连廊
©Masato Kawano / Nacasa & Partners

穿过格子门，连廊处的庭院便展现在眼前。庭院被居室三面包围，登上起居室的台阶，可以一边往二楼走，一边观赏庭院。和室和起居室隔连廊相望。

在连廊的一角设置了一小块种植区域，种上腺齿越桔，其花朵也可用于茶室插花，下方种植倭竹，放置碎石以作修饰。

树木"破土而出的地方"是最美的，因此如何展示树木根部就变得非常重要。不要种得太深，搭配细竹以防体量感过于臃肿，同时用碎石块疏苗。虽然不同住宅间会有所差异，但通常情况下要考虑到连廊地面和地基间的高差。如果下方的草类过低，被连廊地面挡住，那么不注意观察就看不见地面附近的植物了。为了更好地展示这一部分，我们在种植区域的下面垫上砖块，并在修建连廊前结合预设高度将下方地面抬高了约250mm。设计和建筑本身的配合会直接影响庭院景色的好坏，因此在施工前做好沟通是非常必要的。

另外，靠近邻居家的一侧搭配了常绿的具柄冬青。

这种三面包围、一面开口的格局虽然非常适合采光，但考虑到邻里间的隐私问题，常常会选择种植常绿树作为缓冲带。和室开口处进深较大，具柄冬青的枝叶比较聚拢，不太适合作为窗框内的风景，腺齿越桔的枝叶则非常优美地依偎了过来。

腺齿越桔和用于保护隐私的具柄冬青　　©Masato Kawano / Nacasa & Partners

连廊处的腺齿越桔和倭竹丰富了起居室视角的景致　　©Masato Kawano / Nacasa & Partners

━ 种植带和树形间的平衡

 连廊处的庭院2

　　连廊处庭院的施工少不了和设计师的事前沟通。比如在连廊上开辟种植带时，如果建筑师和景观设计师的想法不同，一旦动工就很难更改了。预先确定好希望树木生长到什么程度，根据树木体量的大小和树种的不同，根部的伸展方式、所需的土量和深度都是不一样的。就这个庭院的种植带来说，我们选择了不会超出种植范围且树形优雅的树种。腺齿越桔属于杜鹃花科，体量不会太大，根部干净利落，上半部分的树枝呈闪电状朝横向伸展，枝叶的姿态和剪影都相当漂亮。此外，由于腺齿越桔喜欢酸性土壤，所以在种植带内填入了酸性的鹿沼土。

CASE 06

腺齿越桔

掌叶枫

斑叶芒

木曾石

麦冬

用石与铁修饰的有落差的庭院

这是一幢位于鸭川沿岸清净住宅区中的艺术家住宅兼画廊。河岸上种着樱花和朴树作为行道树，住宅对面的街道干净整洁，整个环境绿意盎然。住宅中的庭院包括前庭、门前通道处的庭院、主庭、浴室小院。庭院里随处可见的石材发挥了各种各样的作用，比如固土、台阶、踏脚石、洗手钵、散水、地面修饰等。

玄以之家

所在地　：京都府京都市
户　型　：RC 结构三层建筑
家庭成员：祖父母+夫妻+2个孩子
竣工时间：2008年
占地面积：386.21m²
建筑面积：151.55m²
建筑设计：TAOKA ARCHITECTS

小熊笹（矮性山白竹）

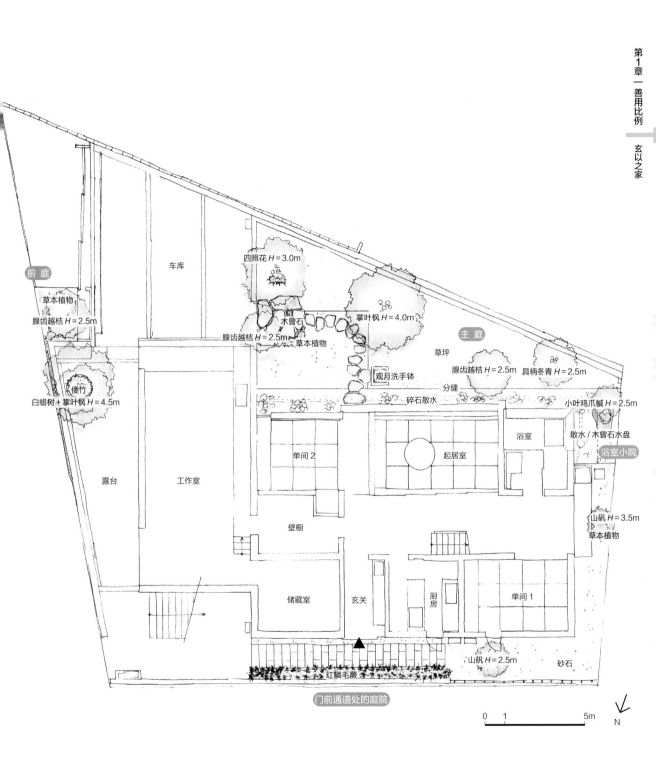

前 庭

草本植物
腺齿越桔 H = 2.5m

四照花 H = 3.0m

掌叶枫 H = 4.0m

腺齿越桔 H = 2.5m
木曾石
草本植物

车库

主 庭

草坪

腺齿越桔 H = 2.5m

具柄冬青 H = 2.5m

观月洗手钵

分缝

碎石散水

小叶鸡爪槭 H = 2.5m

倭竹

白蜡树 + 掌叶枫 H = 4.5m

浴室

散水 / 木曾石水盘

浴室小院

单间 2

起居室

露台

工作室

山矾 H = 3.5m
草本植物

壁橱

储藏室

玄关

厨房

单间 1

山矾 H = 2.5m

砂石

红鳞毛蕨

门前通道处的庭院

0   1   5m

N

庭 | 具有高差的小路和周围的植物

主庭 | 起固土作用的木曾石景石和台阶

我们在踏脚石连成的小路旁种了一棵高大的掌叶枫作为主庭的主角，同时发挥路标作用。在其周围分散地种上**腺齿越桔**、四照花和常绿的**具柄冬青**。

本次最难处理的就是从车位到主庭的这段通道。为了能够活用700mm的高差给通往起居室的这条路增添趣味性，我们进行了反复尝试。由于打算在通往生活区域的这段路上使用具有岁月感的**木曾石**，所以台阶部分也使用了相同的材料。台阶的存在既维持了700mm的高差，又起到了固土的作用。在用于固土的石头和踏脚石之间，通过种植植物和放置碎石来进行修饰。

为了确认自然形态的石头在庭院中的效果，我们在实际搬入前进行了模拟组合。在选择**木曾石**时，我们放弃了人工切割的石料，而是选用形状自然的石料。这样的石头具有诸多优点，比如表面保留了风化的痕迹、会自然地长上**苔藓**等。

为了给走在小路上的人营造一种在树木间穿梭的体验，在台阶旁种上了**腺齿越桔**。庭院主人喜爱插花，应其要求，还在台阶部分种植了叶片带有花纹的**斑叶芒**。

掌叶枫

木曾石

观月洗手钵

腺齿越桔

碎石散水

作为主角的掌叶枫、木曾石材质的踏脚石和碎石散水

越过围墙将公私区域的景致连贯起来

建筑正面面对着一条较宽且地面存在一些坡度的道路。白色的灰泥墙与道路之间有大约150mm 的间隔，我们在这条细缝里种上了麦冬。只是使墙面缩进一点就能为城市多创造一点绿意，令城市景色显著地丰富起来。在路边车库入口的拐角处种植了一棵树形优美的腺齿越桔，腺齿越桔的下面种上小熊笹（矮性山白竹）作为围根。灰泥墙内侧的素土地面上有一处圆形的种植带，在那里种着一棵从山里采得的白蜡树与枫树杂交的树。这棵杂木的枝叶越过围墙，成为街景的一部分。白色围墙内的露台被当作画廊使用了，从室内既可以欣赏眼前的杂木，也能享受到街边的绿意。

车库侧面用于点缀前庭的腺齿越桔

展现地面上的时光痕迹

通道地板处做旧的御影石

在通往住宅的通道部分，铺设了**御影石**石板。原本我们希望使用旧石材来配合建筑整体稳重的设计风格，但很难找到尺寸相同的旧石材。为了能使石材严丝合缝地拼接在一起，我们选用了**御影石**，并采用錾凿、削去棱角的手法将其做旧。

此外，在石板间的缝隙里种上苔藓，来表现"地面上的时光痕迹"。虽然苔藓会自然长出，但对于新建的庭院来说，大多会采用种植的方法。

通道侧面种上了红鳞毛蕨，形成一种和石材匹配的潮湿感。

分缝的设计方法和踏脚石的放置

主庭 | 观月洗手钵

为使客人能够直接从庭院进入起居室，搭配了**木曾石**材质的踏脚石。在踏脚石旁边放置了洗手钵。这是一个观月洗手钵，是将石塔的压顶石倒过来，再加入月亮的元素设计而成的。

出于排水和固土的考虑，主庭各处都设置了隔离用的铁板。

在没有檐沟和雨落管的情况下，雨水会直接落入庭院。因此，我们沿着屋檐线在地面设置铁板并在散水处铺满碎石。这样既具备了散水的功能，又在屋子和庭院间形成了一道屏障。虽然碎石大小不一，却给庭院增加了不一样的风情且渗水性良好。同时，为了和分缝另一侧质感纤细的砂石和草坪形成对比，特意选择了大一些的碎石。

在这里讲一段题外话，庭院主人曾表示："如果洗手钵下石子的颜色和形状能够有所改变就好了。"对此我也一直感到后悔。如果当初能使用黑色的隔板或是将分缝的形状做成圆形，也许能更好地突出金属隔板的切割效果，提升视觉体验。

― 雨水也能成为一道风景　　　浴室小院

　　在主庭的最里侧设有一处浴室小院。下大雨时，雨水会从屋檐处如瀑布般落下。下方放置了用来盛接雨水的**木曾石水盘**。为了展现一种石头受雨水自然侵蚀的感觉，特意请石匠将其加工成可存水的形态。为了创造理想的景观，有时也会使用人工手段去表现自然景象。在石头旁边搭配了小叶鸡爪槭。浴室窗口的拐角为直角，呈全开放状态。为了提供开阔的庭院观赏视野，建筑师在此下足了功夫。

从浴室看到的木曾石水盘

利用树木层次营造进深

在这幢位于清净住宅区的RC结构二层住宅里，住着三代人。白色的矩形建筑在水平方向伸展开，车库、院墙和住宅三部分形成了丰富的层次。住宅内包括三处大面积的庭院，分别是带车位的前庭、可以从生活区域看到的中庭以及后院。在设计时，注重用植物的柔和去衬托RC结构的庄重。

F Residence

所在地　　：岐阜县岐阜市
户　　型　：RC结构二层建筑
家庭成员：祖父母＋夫妻＋孩子
竣工时间：2014年
占地面积：558.14m²
建筑面积：283.28m²
建筑设计：岐阜建筑设计事务所

光蜡树

CASE 07 ‒

白蜡树

白蜡树

垂丝卫矛

白蜡树

白蜡树

冰栀子

植物柔和了建筑正面墙壁的观感，从中庭探出头来的植物在视觉上拉长了进深 ©Masato Kawano / Nacasa & Partners

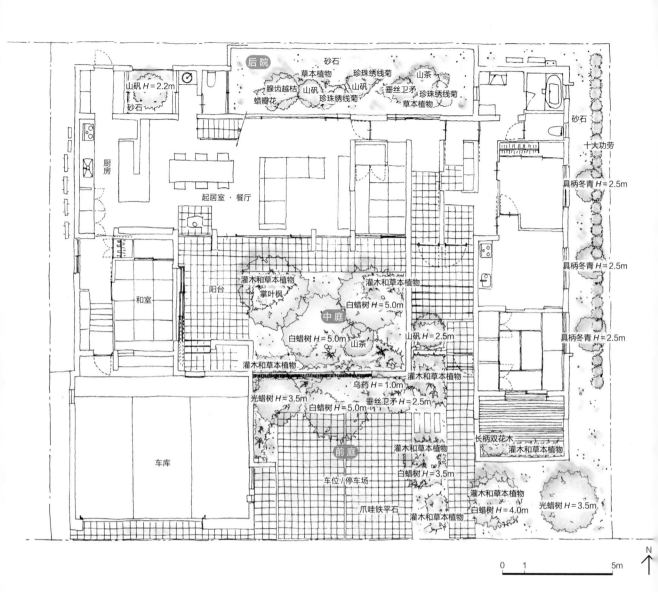

后院　砂石
草本植物　珍珠绣线菊
腺齿越桔　山矾　山矾　山茶
蜡瓣花　珍珠绣线菊　垂丝卫矛　珍珠绣线菊
草本植物

山矾 H=2.2m
砂石

砂石
十大功劳
具柄冬青 H=2.5m

厨房

起居室·餐厅
具柄冬青 H=2.5m

灌木和草本植物
掌叶枫
灌木和草本植物
白蜡树 H=5.0m
阳台
具柄冬青 H=2.5m
和室
中庭
白蜡树 H=5.0m 山茶
山矾 H=2.5m
灌木和草本植物
灌木和草本植物
乌药 H=1.0m
光蜡树 H=3.5m
白蜡树 H=5.0m
垂丝卫矛 H=2.5m
长柄双花木
灌木和草本植物
前庭
车库
灌木和草本植物
白蜡树 H=3.5m
爪哇铁平石
灌木和草本植物
灌木和草本植物
白蜡树 H=4.0m
光蜡树 H=3.5m
车位/停车场

0　1　5m

N

━ 利用中庭作为背景展现进深

　前庭

　　住宅的入口旁有两个露天车位。虽然建筑外观整体为白色，但卷帘门、木制围墙及百叶窗都使用了暗色调的木材，因此我们在车位和门前通道的地面上都铺设了褐色系铁平石。在车位里侧和侧面的外墙边缘，以及略显单调的木墙前侧都设置了种植区域。乔木选择光蜡树和白蜡树，灌木选择马醉木和水栀子。

　　为了使中庭内的树木枝叶能高过围墙，种下了一棵高5m的白蜡树，为前庭的风景增加了深度。

　　靠近门扉的台阶侧面是一片背阴区域，种植了喜阴的山矾。灌木类植物选择了水栀子，为门前增添了一缕花香。栀子上有时会寄生咖啡透翅天蛾（害虫）幼虫，需要进行细致的杀虫处理。

白蜡树

山矾

白蜡树

水栀子

前庭 | 门前通道处的山矾（靠里的暗处）和近处的白蜡树　　©Masato Kawano / Nacasa & Partners

一 "闯入" 室内的绿意

中庭呈L形，从厨房、餐厅、起居室等各房间均能看到。将中庭的种植带分为三个岛状区域，设计成可以在其间穿梭的形式。

除了需要在前庭 "露脸" 的高大白蜡树外，还种植了掌叶枫。在一层室内可以欣赏到白蜡树带有美丽白色斑纹的树干，二层则可以欣赏其枝叶。为了使一层也能欣赏到秋季的红叶，选择了一棵虽然高达5m但下方枝叶茂盛的掌叶枫，并在周围设计了可步行观赏的路线。此外，为了使掌叶枫尽量

靠近室内方向，同时防止树枝接触建筑外墙，选用了枝叶朝一侧偏斜的树木。但由于以上两株均为落叶树，所以搭配了白色花朵的山茶（常绿树），以避免冬季的庭院过于冷清。而特意选择的倾斜的树形，形成了一种绿意要 "闯入" 室内的感觉。灌木和草本植物的部分则集中种植了狭叶十大功劳、水栀子、大花六道木（粉色斑纹）、吉祥草、玉簪、一叶兰等。同时应庭院主人希望种植藓类植物的要求，搭配了一些色泽明快的沙藓。

从和室看到的中庭。近处是掌叶枫，靠后的位置种着一棵枝叶朝一侧偏斜的山茶

掌叶枫

白蜡树

棣棠

大吴风草

红鳞毛蕨

白蜡树

筋骨草

君兰

吉祥草

大花六道木（粉色斑纹）

玉簪

高大的白蜡树、枝叶舒展的掌叶枫、山茶和棣棠，形成纵向层次相当丰富的植物空间

一 自然地融入传统日式元素

从和室看到的中庭
©Masato Kawano / Nacasa & Partners

虽然在岛状种植带里加入了以山茶和苔藓为代表的传统日式元素，但从设计整体来说，我们并不拘泥于所谓的日式和西式，而是优先考虑白蜡树和掌叶枫间的平衡。

在庭院主人提出"想种些藓类植物和枫树"的要求时，我们最开始考虑的是沙藓的分配问题。虽然沙藓可以增加湿度，但打理起来也颇为麻烦。因此，先种上作为主体的草本植物，之后再插空混入沙藓。浅绿色的沙藓和深绿色的草本植物混合，不仅丰富了植物的色彩层次，打理起来也更容易了。另外，沙藓能够适应日照，可用于背阴空间较少的庭院。

最初想在地面上铺设草坪，但出于便于管理的考虑，最终选择了铺砂石。掌叶枫和白蜡树的树冠会遮挡阳光，影响草坪的生长。

在灌木的树种选择上也不明确区分日式和西式。比如同样都是十大功劳，但十大功劳和狭叶十大功劳却能创造出完全不同的风格意趣。

一 用带状绿地为落座后的视野添彩

透过从玄关门厅连续至起居室和餐厅的细长地窗，可以看到后院。地窗高度比一层地板高出约1100mm，这一高度是根据人坐在沙发和椅子上时的视线高度设计的。和邻居住宅间的边界处设有板壁，正好构成庭院的背景。细长的种植区域内种着山茶、山矾、蜡瓣花、珍珠绣线菊、狭叶十大功劳等植物。蜡瓣花受向光性影响，枝干会呈闪电状生长，在种植时要考虑到枝叶的伸展方向，使其聚拢生长，形成较为平衡的形态。在靠下的视线区域搭配了低矮的植物，比如集中种植了吉祥草、一叶兰、藓类植物等。

此外，由于从起居室、餐厅、厨房可以同时看到中庭和后院，所以两边的地面都铺设了同样的砂石以形成统一、连续的风格。

可以同时看到两侧的庭院
©Masato Kawano / Nacasa & Partners

从起居室和餐厅的地窗处看到的后院，可以窥见蜡瓣花等低矮的灌木和草本植物
©Masato Kawano / Nacasa & Partners

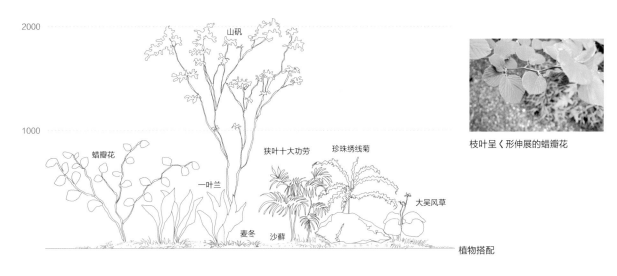

后院 | 细长种植带内种着和中庭风格统一的植物

2000

山矾

1000

蜡瓣花

狭叶十大功劳　珍珠绣线菊

一叶兰

大吴风草

麦冬　沙酔

植物搭配

枝叶呈〈形伸展的蜡瓣花

CASE 08

小叶青冈

垂丝卫矛

白蜡树

长柄双花木

棣棠

白蜡树

白蜡树

斑叶芒

斑叶芒

用镶嵌式美景碎片来点缀生活

　　这是一幢属于三口之家的木结构二层建筑。房屋面朝一条车流量较大的道路，在两者间设有作为缓冲带的庭院。此外，住宅内还包括起居室和餐厅处的庭院、玄关处的庭院，以及和室处的庭院。根据庭院主人和建筑师的设计，希望能够从庭院感受到各种各样的生活场景。因此，尝试打造了既具有统一感又能突出不同生活场景独特氛围的庭院。

平房式天井住宅

所在地　：爱知县
户型　　：木结构二层建筑
家庭成员：夫妻+孩子
竣工时间：2015年
占地面积：611.89m²
建筑面积：186.32m²
建筑设计：Architect 6

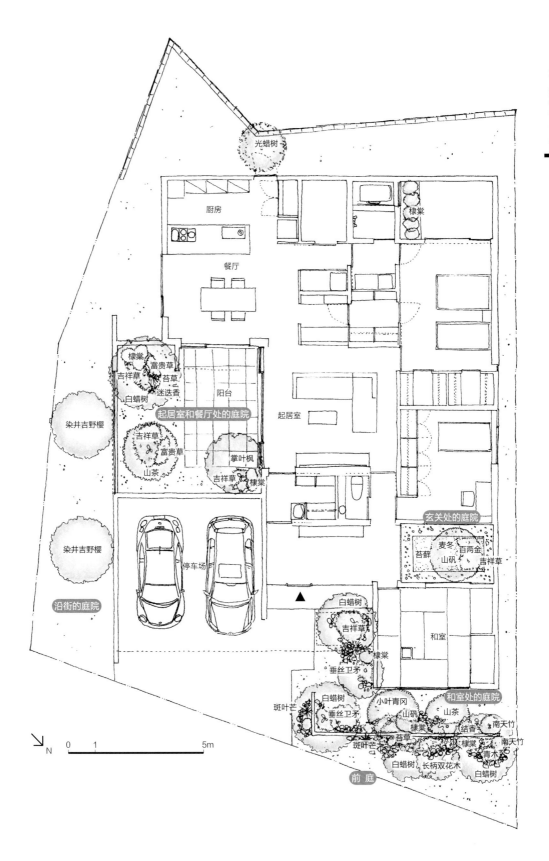

光蜡树

厨房

餐厅

棣棠

棣棠
富贵草
吉祥草　苔草
白蜡树　迷迭香

染井吉野樱

起居室和餐厅处的庭院

阳台

起居室

吉祥草
富贵草
山茶

掌叶枫
吉祥草　棣棠

玄关处的庭院

染井吉野樱

停车场

沿街的庭院

麦冬　百两金
苔藓　山矾
　　　吉祥草

白蜡树
吉祥草

棣棠

和室

垂丝卫矛

和室处的庭院

斑叶芒
白蜡树
垂丝卫矛

小叶青冈
山矾　　山茶
棣棠　　　结香　南天竹
苔草　　　　棣棠　南天竹
斑叶芒　　　　　　青木
白蜡树　长柄双花木　白蜡树

前庭

N
0　　1　　　　　　　　5m

在袖壁两侧的前庭及和室处的庭院

55

━ 双向欣赏袖壁间的美景

玄关前天井处的种植带

玄关门廊处铺着瓷砖，在面朝玄关的地面上铺着方形花岗岩石块。住宅南侧道路和建筑之间的清水混凝土袖壁是用杉木板模框制成的，高约1.5m，长7m。袖壁的前面和里侧均设置了种植区域。

从和室内侧的地窗可以看到，水平延伸的清水混凝土袖壁作为背景起到了很好的强调作用。此外，通过在袖壁前后种植乔木，可以在有限的空间内打造出纵深感。

袖壁下方搭配了灌木、草本植物和碎石子。为避免地面过于单调，在碎石子中混入了大一些的碎石块，营造视觉上的强弱对比。

玄关门廊前的空间通常会被包在屋檐下，但这里将庭院上方的一部分屋檐打掉，做成天井。如此一来，植物便可以一直种到建筑边缘，从走廊也能欣赏到绿意。

━ 活用具有动感的树形

前庭种植了四棵笔直的白蜡树。为了与厚重的白色外墙形成对比，特地选择了树形轻盈、具有延展性的树种。同时搭配长柄双花木、青木、南天竹，使与视线平齐的区域也充满绿意，下方种植了苔草和可以用于插花的斑叶芒。

前庭茁壮成长的白蜡树

▬ 用透过常绿树的日光打造宁静氛围

和室处的庭院面朝袖壁内侧，低处利用树形曲折伸展的山茶和灌木状的小叶青冈造景。与袖壁外侧落叶树给人的明快印象不同，为了迎合和室的氛围，这部分庭院主要种植山茶、小叶青冈等常绿树，搭配落叶树垂丝卫矛。这种由多种常绿树和落叶树混种的布局使和室的采光更为柔和，营造出一种宁静的氛围。同时，以袖壁为背景，沿墙根种植结香、棣棠等灌木，下方种植吉祥草造景。

树形曲折伸展的山茶

袖壁为和室处的庭院提供了良好的造景空间

━ 不锈钢隔板围合出的山野景观

玄关正面庭院的窗户是固定窗。由于没有窗框，因此可以非常清晰地看到庭院景观。我们选用山矾来制造山野风格的景色，作为迎接来客的第一道景观。

此外，为了隐藏中庭地基处的踢脚线并保证排水功能，而铺上了碎石块。同时，用高150mm的不锈钢隔板围合出中央的种植带并在里面填土，这样可以消除室内和庭院的高差，获得整体感。

庭院主角是一棵山矾，搭配吉祥草、百两金、麦冬，并在空白处按补丁状种植苔藓。

使用隔板的原因除了其本身具有的功能性外，还有设计方面的因素。通过这种方式，使庭院景观看上去像一幅镶在画框里的山野风景画。

位于玄关正面的庭院

▬ 衬托树木的简约围墙

掌叶枫

山茶 白蜡树 棣棠

吉祥草 苔草

迷迭香 富贵草

白色墙壁很好地衬托了树木形态

起居室和餐厅面对的庭院呈L形，为了保护隐私，用高达3.5m的围墙将院子围合起来。白色围墙作为背景很好地起到了突出树木形态的重要作用。庭院内的大部分空间都贴上了地砖，做成与室内地面平齐的阳台，可以在外面放些家具。由于阳台被L形庭院包围，因此沿着白色墙壁种植了掌叶枫、白蜡树、山茶等植物来造景。

灌木和草本植物选用棣棠、吉祥草、富贵草，为了丰富色彩，搭配了带花斑的苔草，还种植了可以用于料理的迷迭香。

▬ 为街景做贡献的樱花庭院

房子建成时沿着种下的樱花树，希望路过的人看到也会感到很开心。虽然从屋里看不到，但是第一年春天有行人看到后说："居然是樱花树，能长大就太好啦！"听到以后真的很令人高兴。今年这棵樱花树还是一棵小树，开的小花也很可爱。不知道要过多少年才能和对面的樱花树（第二棵）长得一样大呢？非常期待！
#桜#cherryblossom#さくら#myhome
#イマソラ#garden#庭#instajapan
#ig_japan
@enzo_garden

119w

MARCH 28, 2018

Add a comment...

委托人的Instagram

住宅面对的道路车流量较大，为了和马路保持距离，在中间设置了种植带，种上了两棵染井吉野樱。其实樱花易遭虫害，一般不种于住宅庭院中，但围墙恰好隔开了树木和屋子，利用这一优势特意种上了樱花。庭院主人也认同"城市景观是由一幢幢住宅的景观构成的"这一理念。希望它们能够作为街景的一部分茁壮成长。

CASE 09

用乔木带制造浓密阴影

这是一幢RC结构的三层建筑，位于闲静住宅区中的一块绿意盎然的高地上。一层门前有一片空地，既可作为连接车库的通道，也可作为停车位使用。这幢住宅内共设计了四处庭院，包括利用空地留白部分打造的前庭、恰好可以从二楼眺望到的门前通道处的庭院、可以从厨房和餐厅看到的带水池的主庭，以及小巧的浴室小院。

名古屋住宅

所在地 ：爱知县名古屋市
户型 ：RC结构三层建筑
家庭成员：夫妻+3个孩子
竣工时间：2016年
占地面积：330.56m²
建筑面积：97.62m²
建筑设计：岐阜建筑设计事务所

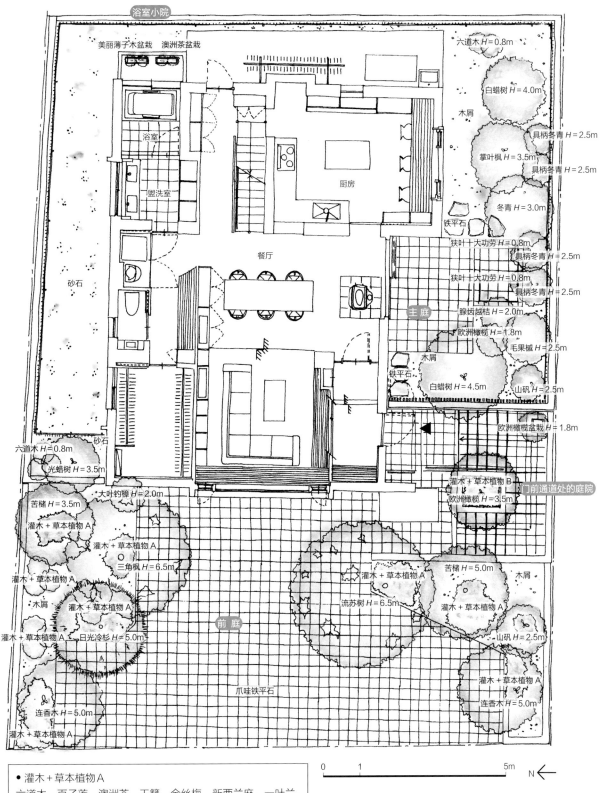

浴室小院

美丽薄子木盆栽　澳洲茶盆栽

浴室

盥洗室

砂石

厨房

餐厅

砂石

六道木 *H*=0.8m
白蜡树 *H*=4.0m
具柄冬青 *H*=2.5m
掌叶枫 *H*=3.5m
具柄冬青 *H*=2.5m
冬青 *H*=3.0m
铁平石
狭叶十大功劳 *H*=0.8m
具柄冬青 *H*=2.5m
狭叶十大功劳 *H*=0.8m
具柄冬青 *H*=2.5m
腺齿越桔 *H*=2.0m
欧洲橄榄 *H*=1.8m
毛果槭 *H*=2.5m
白蜡树 *H*=4.5m
山矾 *H*=2.5m
木屑
木屑
铁平石
主庭

木屑

欧洲橄榄盆栽 *H*=1.8m

灌木+草本植物 B
欧洲橄榄 *H*=3.5m
门前通道处的庭院

六道木 *H*=0.8m
光蜡树 *H*=3.5m
大叶钓樟 *H*=2.0m
苦槠 *H*=3.5m
灌木+草本植物 A
灌木+草本植物 A
三角枫 *H*=6.5m
灌木+草本植物 A
木屑
灌木+草本植物 A
灌木+草本植物 A
日光冷杉 *H*=5.0m

前庭

苦槠 *H*=5.0m
木屑
灌木+草本植物 A
流苏树 *H*=6.5m
灌木+草本植物 A
山矾 *H*=2.5m
灌木+草本植物 A
连香木 *H*=5.0m
灌木+草本植物 A
连香木 *H*=5.0m

爪哇铁平石

0 1   5m   N

• 灌木+草本植物 A
六道木、百子莲、澳洲茶、玉簪、金丝梅、新西兰麻、一叶兰、
"巴港"平铺圆柏、狭叶十大功劳、迷迭香、棣棠、百里香

• 灌木+草本植物 B
加拿利常春藤、"巴港"平铺圆柏

厚重风格的前庭"势均力敌"的乔木

白蜡树	连香木	三角枫	山矾	日光冷杉	狭叶十大功劳	掌叶枫	流苏树	棣棠	苦槠

互叶白千层	腺齿越桔	六道木	欧洲橄榄	冬青	澳洲茶	金丝梅	毛果槭	光蜡树	具柄冬青

作为主角的植物

选用体积较大的树木　　©Satoshi Shigeta

▬ 与厚重建筑"势均力敌"的绿意

建筑主体深褐色的抹灰饰面给人以庄重的印象，加上兼作车位的素土空地上还铺着**铁平石**，更加突出了整体的厚重感。如果选择种植枝干纤细的树种，较于建筑的重量感会产生不协调的感觉，因此选用了体积和存在感都更强的乔木。我们尽量选择了单干且树形较为分散的树种，使人从二层和三层的窗口处也可以看到树梢。

住宅正面的左右两侧分别种植了三角枫和流苏树作为主角。从上层窗口可以看到流苏树的白色花朵，加上三角枫明艳的绿色，衬托了墙壁的底色。同时，高大的树木使庭院风格更容易与原本的植被风格融为一体。

由于左右两侧的地面为缓坡，受倾斜角度的影响，在下雨时庭院两侧容易积水，因此在此种植了喜湿的连香木。

树木在地面上形成树荫，我们在其根部周围种上了各种各样的地被植物。在裸露的土地上铺满木屑，既可以防止地面干燥，又能护根、抑制杂草生长。同时，还能提供柔软的足底触感，为整体空间营造森林氛围。"地面留白"为庭院主人提供了自由发挥的空间，可以在这里种些喜欢的植物。

一 波光粼粼的水池

 主庭

从厨房看到的庭院

水池剖面图

连接餐厅的阳台上铺着石砖，同时还设计有可以活用为水池的水面区域。水面倒映着上方的枝叶，营造出具有纵深感的景观。沿建筑边缘种植了枝叶分散的树木，从树叶空隙间洒落的阳光遍布水面、墙壁、地板、阳台等室内外的各个空间。水面上跳跃着的阳光碎片，让人感受到光影的变幻与风的方向。

从厨房看到的庭院部分也同样注重展现枝叶的美感，用具柄冬青和冬青作为背景，白蜡树和掌叶枫作为前景。面对邻居的方向设置了铝制栅栏作为围屏和庭院背景，栅栏前搭配具柄冬青，具柄冬青枝叶较为稀疏的部分则用狭叶十大功劳作为补充，缓和了餐厅视角下黑色栅栏带来的强烈视觉冲击力。

主庭水面倒影中的树木景色　　©Satoshi Shigeta

餐厅视角的土庭风光　　©Satoshi Shigeta

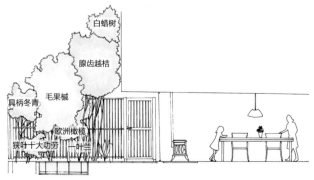

白蜡树

腺齿越桔

毛果槭

具柄冬青

欧洲橄榄

狭叶十大功劳　　一叶兰

餐厅到主庭的剖面图

用盆栽打造具有透视感的景观

从盥洗室和浴室看到的小院 ©Satoshi Shigeta

为了保护隐私，用板壁围住了浴室小院。由于进深较小，加上地面为混凝土材质，所以在这里装饰了盆栽。此处共种植了两种白千层，分别是白色的美丽薄子木和红色的澳洲茶，两者的颜色对比非常具有观赏性。

因为浴缸和盆栽高度平齐，所以坐进浴缸平视时只会看到植物，不会看到花盆。但由于这部分植物的线条较为纤细，因此还在后面放置了其他盆栽作为补充。

缓和混凝土的无机质感

门前通道处的庭院

可以从低处欣赏的欧洲橄榄

门前通道为コ形，通过时可以欣赏到欧洲橄榄。欧洲橄榄喜光，会从较低的位置开始长出枝叶。由于这块种植带位于台阶区域，为了让人站在台阶上也能完整地欣赏植物全貌，所以将种植带抬高了。为了能够和混凝土的无机质感形成对比，地被植物选用了加拿利常春藤和"巴港"平铺圆柏，希望它们长大后能够从墙壁上垂下来。

这里还活用了台阶的宽度，在台阶的平台处放置了欧洲橄榄的盆栽。上台阶时会看到主庭的白蜡树，可以隔着百叶门勾起观者对主庭景色的好奇心。主庭的白蜡树枝叶纤细，会形成斑驳的树影，同时上部的枝叶会越过百叶门伸展过来，成为通道庭院的一部分。

CASE 10

顺齿桫椤

具柄冬青

金木犀

小叶鸡爪槭

珍珠绣线菊

水栀子

吉祥草

活用小径空间打造绿色隧道

　　这幢建筑的门前通道也是住宅的主庭，从车
库出口一直延伸至玄关。建筑师特意将这个具有
一定长度和纵深感的空间设计成庭院。

铺石板的住宅

所在地　：岐阜县岐阜市
户　型　：木结构二层建筑
家庭成员：夫妻
竣工时间：2010年
占地面积：248.99m²
建筑面积：147.39m²
建筑设计：岐阜建筑设计事务所

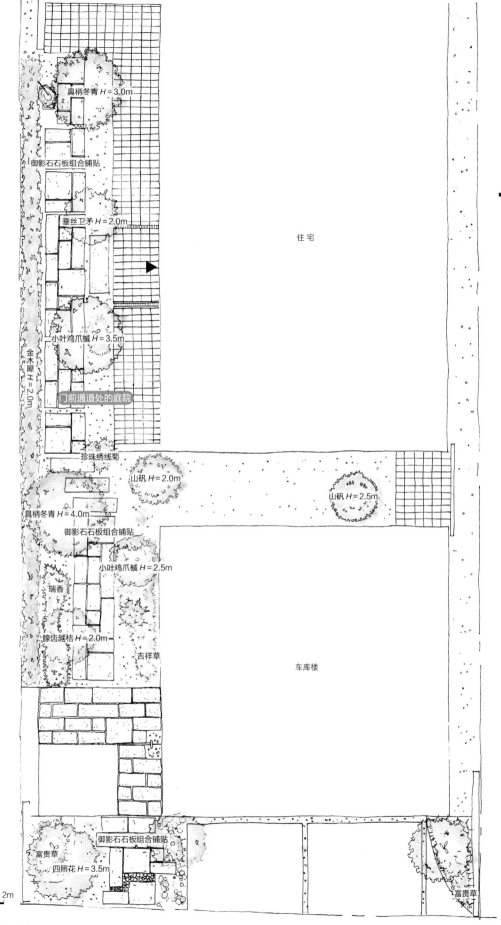

具柄冬青 *H* = 3.0m

御影石石板组合铺贴

垂丝卫矛 *H* = 2.0m

住宅

小叶鸡爪槭 *H* = 3.5m

金木犀 *H* = 2.0m

门前通道处的庭院

珍珠绣线菊

山矾 *H* = 2.0m

山矾 *H* = 2.5m

具柄冬青 *H* = 4.0m

御影石石板组合铺贴

小叶鸡爪槭 *H* = 2.5m

瑞香

腺齿越桔 *H* = 2.0m

吉祥草

车库楼

富贵草

御影石石板组合铺贴

四照花 *H* = 3.5m

富贵草

N

0   1   2m

了打造绿色隧道，在树形上下足了功夫

━ 享受石板带来的足下触感

打开车库的门，是一条长达15m的绿色小路，一直延伸到住宅的入口处。路面是由方形**御影石**石板组合铺贴而成的，共使用了5种尺寸的石板：300mm×300mm、600mm×600mm、900mm×900mm、300mm×600mm、300mm×900mm。石板采用自然加工的方式，切面稍显粗糙，但充满张力，带来的足下触感也相当不错。由于门前通道存在约300mm的高差，所以选用较厚的**御影石**作为踏脚石。从门前通道穿过入口处的拉门，一直铺到玄关里面的阳台。由于中间存在高差，又对石板表面进行了自然加工处理，其目的除了使用的便利性之外，更希望使用者可以亲身体验庭院的乐趣。

（上）车库和门前通道
（下）充满张力的自然面御影石石板路

树木环抱下的小径空间

（上）为了形成绿色隧道，搭配了各种树木
（下）经过通道时可以欣赏到悦耳的水声

此外，为了在经过通道时还能享受听觉上的乐趣，我们在中途安装了水盘，做了可以听见流水声的设计。水盘材质为**爪哇泥石**，架空导水槽则选用了不锈钢管。

门前通道的侧面是和邻居的分界线——对方过去建起的砖墙，把这面墙做成背景需要下些功夫。如果新建一面围墙会使露天空间变窄，因此我们选择用金木犀制作的树篱将砖墙覆盖住。金木犀是常被用作视觉屏障的树种之一。

门前通道的两侧种着小叶鸡爪槭、具柄冬青、腺齿越桔、垂丝卫矛、山矾等植物，走在小路上，就像穿过树木的隧道。小叶鸡爪槭、腺齿越桔、垂丝卫矛均为落叶树，落叶时可以欣赏到红叶。由于空间较窄，都选择了枝叶高过头顶的植物，以确保树木环抱下的通行空间。灌木选择了瑞香等，配合金木犀，使庭院内的花香也随季节变化。

CASE 11

通过喜水植物打造庭院水景

这幢住宅位于可以眺望琵琶湖的高地上，从二层突出的房间可以看到琵琶湖全景。住宅内包括带水池的开放式庭院（主庭）和可以从和室望见的枫树庭院（中庭）。根据建筑师的设计，屋檐上的雨水会汇入主庭内的水池，中庭则利用坡面地势制造了山野景观。

枫之庭

所在地　：滋贺县大津市
户型　　：木结构二层建筑
家庭成员：夫妻
竣工时间：2006年
占地面积：600.29m²
建筑面积：187.23m²
建筑设计：一级建筑师事务所河井事务所

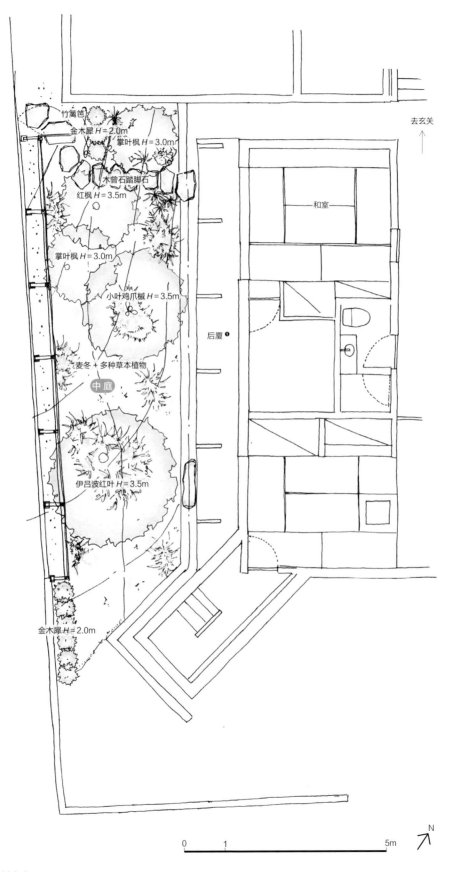

竹篱笆

金木犀 H=2.0m

掌叶枫 H=3.0m

木曾石踏脚石

红枫 H=3.5m

掌叶枫 H=3.0m

小叶鸡爪槭 H=3.5m

后厦❶

麦冬＋多种草本植物

中庭

伊吕波红叶 H=3.5m

金木犀 H=2.0m

去玄关

和室

0　　　　1　　　　　　　　　　5m

N

地上开放式住宅中的枫树庭院

❶ 屋后的走廊。

一 开放的"疏"之庭

主庭中的水池象征着琵琶湖，沿池边的台阶可以靠近水面。屋檐上的雨水不是通过雨落管而是被引水筒集中后落入庭院的。由于庭院地面为斜面，落入庭院的雨水可以自然地排入水池。池中饲养着颌须鮈、鲫鱼等鱼类。水深将近2m的水池，能起到防盗作用。

在水池中种植了同样生长于琵琶湖里的水生植物，如长苞香蒲、芦苇等。为了修饰景观还搭配了会开花的睡莲。

主庭｜象征琵琶湖的水池

根据水深在池中放置花盆，用水生植物修饰景观

为和室造景的"密"之庭

这是整座住宅中最具个性的庭院。我们对主庭里侧面对后厦的坡地进行了设计。原本庭院对面建筑一侧的地基更低，庭院裸露出的地层呈千层糕状，倾斜的岩层（顺向坡）有地下水渗出，因此设置了暗渠把多余的水排掉。

出于为和室视角造景的目的，同时考虑到渗水的土壤环境，我们提议将庭院设计成喜水的枫树庭院。庭院内共搭配了4种枫树：掌叶枫、伊吕波红叶、小叶鸡爪槭、红枫。此外，还需要覆盖地被植

物，以防止坡地的土壤流失。由于此处的造景原型是山野景观，地被植物主要种植了麦冬，搭配日本鸢尾、吉祥草、大吴风草、棣棠、复叶耳蕨、玉簪、春兰等。虽然麦冬不是山间野生的植物，但它不像草坪那样需要定期修剪，且可以很好地覆盖土壤，比苔藓类植物耐踩踏，容易养活。如果种植苔藓的话会不好控制给水量，为保证日照，还需要不停地清理覆盖住苔藓的落叶。作为屋主常常使用的庭院，要尽量选择好打理的植物。

枫树庭院全景

逆向坡
·坡向和岩层方向相反，更易被水渗透
·水分会顺着岩层流走，坡面容易干燥

顺向坡
·从逆向坡流下的水分会从此侧渗出
·土地较为湿润

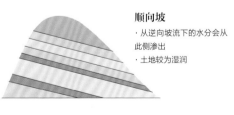

暗渠排水
·由于庭院裸露的地层为顺向坡，如图所示呈现多层状态，会自然地渗出水分，变得潮湿，因此使用带孔的管道作为暗渠

水分从该层流出
U形渠

带孔的管道＋砂石

千层糕状的剖面

排水暗渠完工后的地面

棣棠

南天竹

掌叶枫

红枫

小叶鸡爪槭

茵陈蒿

山…竹

掌叶枫

日本鸢尾

麦冬

木曾石

大吴风草

中庭地表的植物主要为麦冬，搭配大吴风草、日本鸢尾、吉祥草等

▬ 作为庭院背景的板壁和竹帘

 中庭2

用后面的板壁和前面的竹帘控制视野　　　©平井广行

应建筑师要求，邻居住宅和庭院间的板壁由建筑方负责。考虑到和庭院的关系，为了不产生压迫感，选择了高度适中的板壁。建筑师希望通过在后厦挂竹帘的方式将取景视角控制在靠近地面的位置，因此我们在枫树树干、地被植物叶子的质感和形状、花期等方面下足了功夫，使景观更具多样性。以麦冬作为基础，可以全年欣赏绿意，再搭配棣棠、大吴风草、日本鸢尾等开花植物，以及吉祥草等。

利用不等边三角形造园修景

在日本庭院的造园手法中，常常利用花木和石头形成不等边三角形来打造山野景色。该庭院种植的树木相对较少，正好可以利用这一手法。先用体量较大的树木和石头确定庭院的骨架，再用灌木和地被植物修饰景观。通过添加灌木，对立体感不足的空间进行弥补，以山野景观为原型营造地被植物群落，增加疏密效果。为防止土壤流失，用生长高度最短的麦冬覆盖"疏"的部分。

确定树木在构图中的位置时，看不到的枝叶形状也要纳入考虑范围，因此要注意"视野范围内画面"的完成并不代表"造园整体"的完成。

坡面较急的部分用竹片做成栅栏固土，并用踏脚石作为台阶

中庭板壁和竹帘的位置关系

欧洲橄榄

水栀子

分散布置的五感空间体验

　　主屋对面是为屋主夫妇新建的侧屋，修建时对庭院进行了重新修缮。建筑师在制定计划时选择留下了地基上原本生长着的高大金木犀。我们也是由此获得灵感，决定打造一个花香庭院。同时，在以常绿树为主的祖父母的庭院里加植了落叶树，以增加季节感。

春日井住宅

所在地　：爱知县春日井市
户型　　：木结构平房
家庭成员：祖父母+夫妻+孩子
竣工时间：2014年
占地面积：约770m²
建筑面积：187.23m²
建筑设计：岐阜建筑设计事务所

CASE 12 —

连香木

山茶花

绣球

金丝梅

百里香

竣工四年后长势繁茂的树木

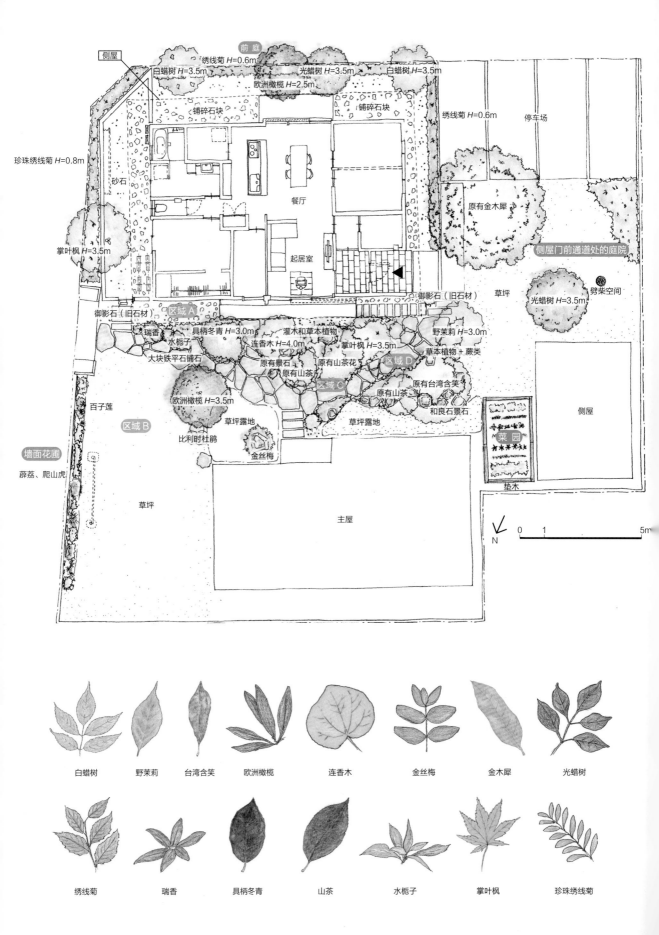

前庭

侧屋

绣线菊 H=0.6m

白蜡树 H=3.5m
光蜡树 H=3.5m
白蜡树 H=3.5m

欧洲橄榄 H=2.5m

铺碎石块
铺碎石块

绣线菊 H=0.6m

停车场

珍珠绣线菊 H=0.8m

砂石

餐厅

原有金木犀

侧屋门前通道处的庭院

掌叶枫 H=3.5m

起居室

草坪

光蜡树 H=3.5m

劈柴空间

御影石（旧石材）

御影石（旧石材）

区域 A

瑞香

具柄冬青 H=3.0m

灌木和草本植物

野茉莉 H=3.0m

水栀子

连香木 H=4.0m

掌叶枫 H=3.5m

草本植物＋蕨类

大块铁平石铺石

原有景石

原有山茶

区域 D

区域 C

百子莲

欧洲橄榄 H=3.5m

原有山茶花

原有台湾含笑

原有山茶

和良石景石

区域 B

草坪露地

草坪露地

菜园

侧屋

墙面花圃

比利时杜鹃

薜荔、爬山虎

金丝梅

垫木

草坪

主屋

0   1   5m

N

白蜡树

野茉莉

台湾含笑

欧洲橄榄

连香木

金丝梅

金木犀

光蜡树

绣线菊

瑞香

具柄冬青

山茶

水栀子

掌叶枫

珍珠绣线菊

一 为生活添彩的四个庭院

我们决定留下祖父母培育的山茶花、山茶、台湾含笑等原本生长在场地中的常绿树。大门到主屋玄关、主屋玄关到侧屋阳台及玄关，这些主要行动路线上生长着的树木在造园时都保留下来了。

考虑到祖父母将来可能会使用轮椅，所以在通道上铺了大块的**铁平石**。

由于在铺设时绕过了原有树木，通道将庭院分成了四个风格不同的区域。

轮椅也能通行的铁平石通道

| 区域A | 花香怡人的门前通道

大门附近搭配了香气鲜明、甜美的水栀子、瑞香、百里香，用花香将来者迎入宅子。

| 区域B | 种着欧洲橄榄的清爽草坪庭院

明快的草坪形成的干燥庭院。新植了欧洲橄榄和百里香，粉色的百里香生长到了**铁平石**区域。应庭院主人的要求，在后面加种了白玉兰。

区域A|初夏芬芳的水栀子

区域B|草坪上的欧洲橄榄和生长到铁平石区域的粉色百里香

| 区域C | 花和落叶点缀的庭院

在原有山茶花的基础上，新植了连香木、掌叶枫。连香木的落叶会散发出奶糖一般的甜美香气，因此即使在花季已经结束的晚秋依然香飘四溢。

掌叶枫

连香木

山茶花

瑞香

绣球

金丝梅

一叶兰

水栀子

百里香

白及

区域C|红叶时节散发甜美香气的连香木

| 区域 D | 常绿的堆石庭院

原有的高大台湾含笑在庭院中投下令人舒适的阴影。到处放置些石头，种上蕨类、铺地柏、玉簪、一叶兰、大吴风草等地被植物，打造堆石庭院。道路的尽头种着**野茉莉**。

台湾含笑

野茉莉

白及

铺地柏

地被植物和树影形成的沉静氛围

用绿色的视觉屏障保护隐私

侧屋南侧的前庭面对道路，在餐厅前种上欧洲橄榄和光蜡树作为视线屏障，隔开车流。

前庭的欧洲橄榄和光蜡树

高大的原有树木成为庭院主角

 侧屋门前通道处的庭院

侧屋门前通道处的庭院风格非常明快，除了原本生长在此的高大金木犀外，还种上了迷迭香、香茅、洋甘菊、薄荷等香草类植物，香气宜人。由于起居室内设有柴火暖炉，因此我们在新栽的光蜡树下设计了劈柴的空间。为了突出金木犀，没有在其周围种植高大的树木和地被植物，而是选择了简单的草坪。

侧屋的门前通道和金木犀

为餐桌增味的"美味"小院

主庭的侧面是菜园，用来种植蔬菜和香草类植物，为餐桌增味。

收获前：许多果实

6月刚发芽的西红柿

8月攀上支架的西红柿

用藤蔓绿化旧砖墙

爬山虎

薜荔

百子莲

庭院中原本的围墙是混凝土墙，下方还有一个种着迷迭香的花坛。将原本长在这里的迷迭香移植到侧屋门前通道处的菜园后，在此新栽了百子莲，还种上了爬山虎、薜荔，将混凝土墙打造成立体花圃。

欣欣向荣的薜荔和爬山虎

CASE 13

打造具有异域风情的立体空间

这是一处位于市区近郊，拥有两个方形屋顶的住宅。建筑用地位于道路拐弯处，东西方向较长。餐厅和厨房位于住宅的副楼里，这一设计是为了将来能够在那里开一家餐厅。现在副楼主要作为招待朋友的场所，有时也举行酒会。除了前庭，还有面对餐厅和厨房的庭院及面对起居室的庭院。

有副楼的住宅

所在地　：岐阜县岐阜市
户　型　：木结构平房，部分为两层建筑
家庭成员：夫妻
竣工时间：2013年
占地面积：291.26m²
建筑面积：100.51m²
建筑设计：岐阜建筑设计事务所

充满异国风情的植物

前庭

种植耐旱植被

应庭院主人的喜好，在住宅设计中融入了多国风格，为了与之相配，在设计庭院时选择了生长在干旱地区的植物。在地面铺上褐色的砂石，上边随意地放置些碎石块，以制造干燥的土壤。通过大小不一的砂石和碎石块，可以营造出自然地面的凹凸感。庭院中种植的主要是原产于外国的树种，如华盛顿扇叶葵、欧洲矮棕、桃金娘、美丽红千层、龙舌兰等。

虽然南方树木畏寒，但我们还是尽量从中选择了可以适应岐阜市气候的树种。之前最令人担心的就是龙舌兰，好在庭院主人布置了防霜围子和防雪屏，如今也健康地生长着。7年过去了，在主人的精心布置下庭院树种增加了，变得更加繁茂。

严冬中被细心保护的龙舌兰

生机勃勃的龙舌兰（左前）等异国植物搭配碎石块

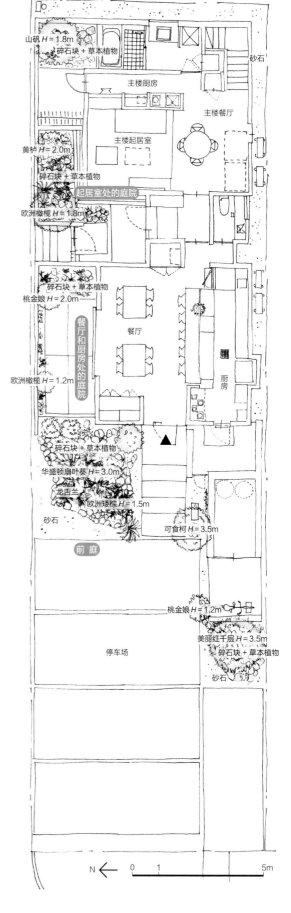

山矾 H=1.8m
碎石块＋草本植物
砂石
主楼厨房
主楼餐厅
黄栌 H=2.0m
主楼起居室
碎石块＋草本植物
起居室处的庭院
欧洲橄榄 H=1.8m
碎石块＋草本植物
桃金娘 H=2.0m
餐厅
餐厅和厨房处的庭院
厨房
欧洲橄榄 H=1.2m
碎石块＋草本植物
华盛顿扇叶葵 H=3.0m
龙舌兰
欧洲矮棕 H=1.5m
砂石
可食柯 H=3.5m
前庭
桃金娘 H=1.2m
美丽红千层 H=3.5m
碎石块＋草本植物
停车场
砂石
N 0 1 5m

87

华盛顿扇叶葵

欧洲矮棕

龙舌兰

可食柯

桃金娘

美丽红千层

前庭 | 有着两个方形屋顶的住宅

丰富菜园中植物的层次结构

餐厅和厨房处的庭院

餐厅对面有一处小小的种植带，在那里种上了可以用于料理的香草类植物和果实可食用的桃金娘。通常菜园会因为主体为地被植物而导致视觉区域偏低，但这里搭配了有些高度的桃金娘，优化了空间上的平衡感。

在庭院主人的照料下，院内香草的种类一年比一年多，并且用在了料理里。主人种植的香草有能够用于西餐的迷迭香、香茅、莳萝、茴香、蜜蜂花、薰衣草等，以及可以用于日本料理的花椒、野姜等。菜肴的照片都是庭院主人自己拍摄的。从菜园收获的植物可作为面包等食品的香辛料，甚至可以用来点缀餐桌，从方方面面带来享受。

庭院主人表示："材料随用随摘，太开心了。由于数量不少，在做菜时多用一些也不觉得可惜，还能用来泡酒。"

可以用于料理的植物

欧洲橄榄

黄栌

新西兰麻

玉簪

复叶耳蕨

波斯红草

肾形草

在质感和颜色上下了功夫的地被植物

餐厅和厨房也被用作摄影棚

悬挂的豆瓣绿为室内带来了生机

室内绿化和私密小院

 起居室处的庭院

餐厅和厨房部分有着吧台和6人座的餐桌，庭院主人希望室内也能有些绿意，因此在吧台上方悬挂吊灯的铁制横梁上垂挂了豆瓣绿。

同时，由于起居室面向的庭院里有一面木墙可以作为遮挡视线的背景，非常容易造景。应庭院主人要求，混栽了黄栌等植物。以欧洲橄榄为主角，下方种植肾形草、蕨类、新西兰麻、玉簪等，还种植了彩叶植物等多种叶子颜色和质感会产生变化的植物。

透过角窗看到的私密小院

CASE 14

华夫饼状的室内花园与起居室融为一体

这座木结构的二层建筑里住着六口人。我们特意请建筑师设计了大窗口的天窗，使阳光照进二楼室内，打造了一座室内花园。

羽根北住宅

所在地　：爱知县冈崎市
户型　　：木结构二层建筑
家庭成员：祖父母＋夫妻＋2个孩子
竣工时间：2014年
占地面积：176.47m²
建筑面积：92.09m²
建筑设计：佐佐木胜敏设计事务所

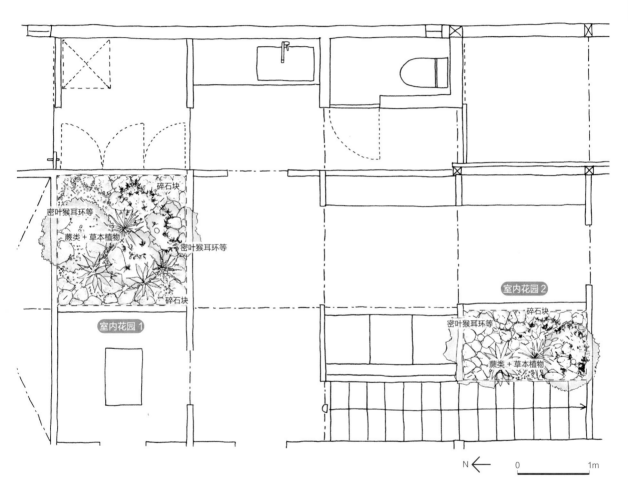

室内花园 1

室内花园 2

碎石块

密叶猴耳环等

蕨类＋草本植物

密叶猴耳环等

碎石块

密叶猴耳环等

碎石块

蕨类＋草本植物

N

0　　　　　　　　1m

室内花园2｜植物覆盖在台阶上方，迎接来者　　©Katsutoshi Sasaki

爱心榕

密叶猴耳环

九里香

华夫饼状的室内花园 1 的种植带　　©Katsutoshi Sasaki

─ 融入室内的植物

室内花园 1

二层没有任何支撑天花板的立柱和墙壁，是一个完整的大房间。下方高约900mm的及腰矮墙将地面空间划分成华夫饼状，天花板区域则由横梁划分。躺下或坐下后，随着视线的降低，会进入较为私密的小空间，反之站起来就会和其他空间连为一体，空间划分具有交流性，非常有趣。

"华夫饼"中的两格被规划为种植带。

建筑师预先设计了天窗使阳光照进来，开关自由，整个环境的通风性相当良好。

爱心榕

密叶猴耳环

室内花园2|腋花千叶兰、蕨类搭配碎石块，凸显室外氛围 ©Katsutoshi Sasaki

▄ 生机勃勃的绿意

 室内花园2

　　室内中庭大多会用玻璃将庭院内外分隔开。如此一来，既能让植物接触到室外的露水，也能保持空气流通和湿度。但这座室内庭院不能接触到有露水的空间，因此栽种了可以在室内种植的观叶植物，设计了以爱心榕、密叶猴耳环、九里香为主的庭院。

　　由于需要在及腰矮墙里填土，我们在修建时特别注意了防水、排水，以及二层承重范围内的填土量。先在底部铺上保护垫作为排水层，然后为防止植物根部造成破坏，在四周贴上保护膜，再在此基础上填土（使用常用于屋顶绿化的轻质土壤）。

　　除了华夫饼状的种植带需要绿化外，庭院主人还希望我们给出和房间连为一体的种植规划。为了打造置身户外般生机勃勃的绿意，我们选用了腋花千叶兰、蕨类和六种兰花，用个性化搭配的植物覆盖种植带地面。在余下的部分铺上碎石块，希望能在室内再现和室外一样的地面。

　　由于是室内空间，无法使用水龙带，因此日常浇灌使用喷雾器和喷壶。如今庭院已完工多年，楼梯侧面的密叶猴耳环已经能覆盖台阶了。也许因为是种在比花盆大得多的种植带里，才长得这么好吧。

CASE 15

10m² 内的茶事路线

这座京都老屋建于1910年，在《对了，就住在京都吧》一书中记录了关于它的精妙改造。改造对象为10m²的小院，如今院内有景石、石灯笼、净手池、金木犀、珊瑚树。总计改造方案9种，既有建议保留原有物品的，也有建议清除的。

返町屋

所在地　：京都府京都市
户型　　：木结构二层建筑
家庭成员：夫妻
竣工时间：2011年
占地面积：75.6m²
建筑面积：56.5m²
建筑设计：一级建筑师事务所河井事务所

经过慎重取舍后的样子　@平井广行

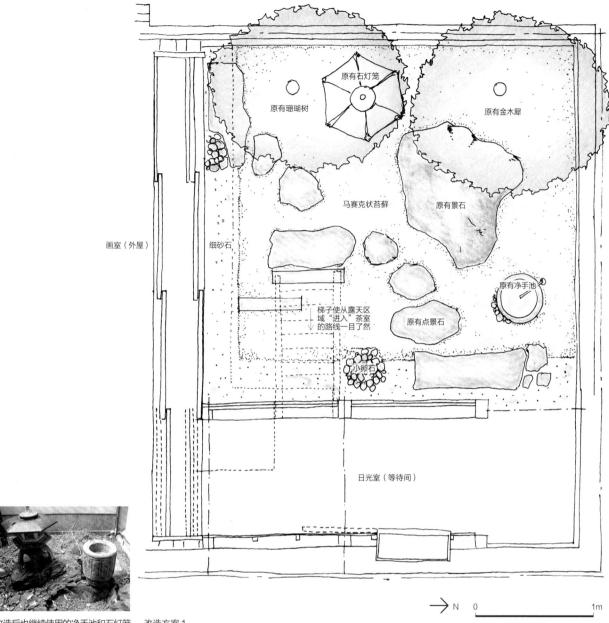

画室（外屋）

原有珊瑚树

原有石灯笼

原有金木犀

马赛克状苔藓

原有景石

细砂石

梯子使从露天区域"进入"茶室的路线一目了然

原有净手池

原有点景石

小卵石

日光室（等待间）

→ N   0 ————— 1m

改造后也继续使用的净手池和石灯笼   改造方案1

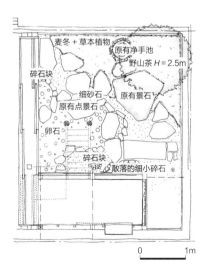

原有珊瑚树   原有净手池   原有金木犀

碎石块
细砂石   原有景石
原有点景石   麦冬＋草本植物
卵石   冬红山茶
碎石块   原有石灯笼
散落的细小碎石

0 ————— 1m

麦冬＋草本植物
原有净手池
野山茶 H＝2.5m

碎石块
细砂石   原有景石
原有点景石
卵石
碎石块
散落的细小碎石

0 ————— 1m

麦冬＋草本植物
罗汉竹 H＝3.0～4.0m
罗汉竹 H＝3.0～4.0m
分缝厚6mm
电镀FB   原有石灯笼
碎石块   罗汉竹 H＝3.0～4.0m
细砂石   原有景石
红鳞毛蕨   罗汉竹 H＝3.0～4.0m
原有点景石
不锈钢框
框内单粒径碎石   原有净手池
罗汉竹 H＝3.0～4.0m
大谷石 600mm×210mm   分缝厚6mm
电镀FB
碎石块

0 ————— 1m

改造方案1~3

庭｜通向茶室的梯子

一 露天庭院中通往茶室的梯子

首先，针对是否留下净手池，不同的改造方案意见不同。由于这个屋子是作为月底公寓（每月使用一次的度假公寓）使用的，水池中的孑孓十分令人担忧，而如果在池内养鱼，庭院主人又要担心喂食的问题。因此，一开始是打算舍弃净手池的。改造方案基本主张在原有物品的基础上进行，因此需要非常详细的磋商，如留不留净手池，要不要加种树木，地被植物的种类，原有石头的位置等。

最终方案为留下原有树木，改变石头的位置，以苔藓作为地被植物。顺便一提，这个屋子的二楼有一间茶室，院内具有一条非常独特的路线：在净手池处净手后，可顺着梯子进入茶室。这个院子具有茶庭的功能，梯子则是建筑师故意设计的变相的茶道。为了防止梯子伤到苔藓，专门设置了铁框。同时，为了使铁框能够更好地和庭院融为一体，在没有放置梯子的铁框中铺上了苔藓，另一个铁框里则铺上砂石，梯子架在砂石上使用。于是形成了一条茶事路线：面对庭院的画室和日光室作为休息室和等待间，踩着踏脚石穿过庭院在净手池处净手，最后通过梯子上楼进入茶室。

从房间看到的主庭

▬ 享受混种苔藓带来的乐趣

混种了5种苔藓的地面

利用了原有的净手池

改造中进行了多次推敲

　　和建筑师商量后，我们决定在庭院里种植苔藓。庭院虽小，但通过围墙和树的阴影，可以形成多种日照条件。我们希望地被植物在庭院日照条件不同及不能日常浇水的情况下也能存活，于是混种了5种苔藓。

　　考虑到沙藓、金发藓、白发藓、大灰藓、羽藓各自的日照需求，我们按马赛克的形式进行了栽种。沙藓喜欢日照充足的地方，大灰藓、白发藓、金发藓喜欢半阴，羽藓喜欢全阴。为了给予苔藓恰到好处的阳光，我们对金木犀进行了修剪，使阳光能够轻松地穿过枝叶。现在长得最好的是大灰藓。

　　在此次改造中，只在院内新增了苔藓、砂石和架空水管，其余都是原有的东西。

　　今后也计划逐步对院子进行改造。为进行庭院保养，我拜访了庭院主人，他们给我讲了许多趣事，比如月底公寓、飞来院里的鸟、变化的苔藓等，我能够深深地感受到庭院主人对小院的喜爱，着实令人高兴。

迦陵频

垂丝卫矛

麦冬

在石灯笼等原有物品的基础上进行造园　　©Masato Kawano / Nacasa & Partners

掌叶枫

罗汉竹

镶嵌赏花台的停留空间

　　这是一幢位于岐阜县岐阜市、长良川河畔住
宅区的住宅。宅子里有三个里院，屋主住宅前的
主庭，祖父母和屋主共同使用的停车场处的前
庭，门前通道处的庭院。我们对这个从祖父母一
代就建成的庭院进行了整修。

长良川住宅

所在地　：岐阜县岐阜市
户型　　：木结构二层建筑
家庭成员：祖父母+夫妻+3个孩子
竣工时间：2011年
占地面积：635.20m²
建筑面积：217.78m²
建筑设计：acaa

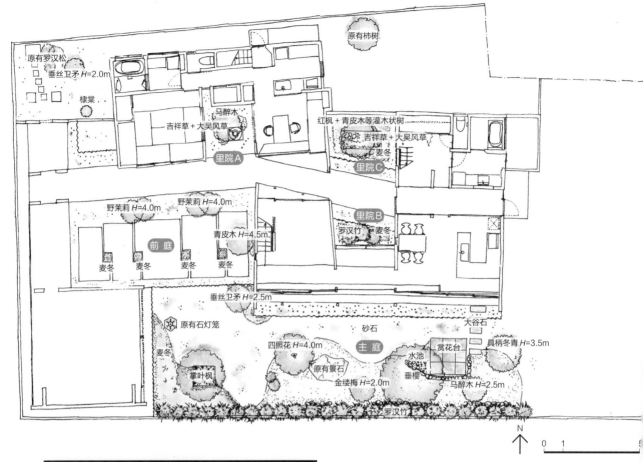

原有柿树

原有罗汉松
垂丝卫矛 H=2.0m

棣棠

吉祥草 + 大吴风草

马醉木

红枫 + 青皮木等灌木状树
吉祥草 + 大吴风草
麦冬

里院 A

里院 C

野茉莉 H=4.0m　野茉莉 H=4.0m

青皮木 H=4.5m

里院 B

罗汉竹　麦冬

前庭

麦冬　麦冬　麦冬　麦冬

垂丝卫矛 H=2.5m

砂石

大谷石

原有石灯笼

四照花 H=4.0m

主庭

赏花台

具柄冬青 H=3.5m

麦冬

掌叶枫

原有景石

金缕梅 H=2.0m

水池

垂樱

马醉木 H=2.5m

罗汉竹

N
0　1　5

罗汉竹种植带　　　　　©Masato Kawano / Nacasa & Partners

━ 具有悬浮感的赏花台

　　主庭中留下了带有原庭院痕迹的石灯笼和生苔的景石。为了在垂樱下赏花，设置了尺寸为1800mm×1800mm的赏花台，用钢制细支脚架起木台，使赏花台好似悬空一般。赏花台内的榻榻米是用树脂制成的，可以在室外使用。为了衬托春天飞舞的垂樱花瓣，将榻榻米做成了黑色。榻榻米是可拆卸的，在非花季时将其取出，能将赏花台作为木台使用。

　　为了方便从屋内过来，在后厦和赏花台间放置了厚实的**大谷石**作为通道。

正在赏花的屋主一家

主庭

罗汉松

马醉木

具柄冬青

用来赏花的室外赏花台　©Masato Kawano / Nacasa & Partners

在设置主庭挡土时把木台嵌入假山的样子

主庭中连接后厦和木台的大谷石通道　　©Masato Kawano / Nacasa & Partners

一 风雅的火山石假山

主庭以樱花和木台为中心，为了给予平坦的地面一些变化，我们利用原有的景石打造了草坪假山。木台是嵌入草坪假山的，因此在沿木台的部分设置了兼具挡土功能的砌石。为了搭配建筑外墙的烧杉板，砌石选用了黑色的**火山石**。假山线条的设计灵感来当地的长良川，砂石起着衬托流水的作用。出水口从木台侧面的砌石中伸出，下方形成了一个小水池，流水落下的声音也成了景色的一部分。

为营造从室内眺望窗外时达到视线高度的背景，设置了罗汉竹种植带并筑起了竹篱。

原有的美丽景石
©Masato Kawano / Nacasa & Partners

火山石砌石

不锈钢出水口

主庭 ｜ 草坪假山和木台间的水流

━ 建筑正面兼做停车场的空间

麦冬搭配混凝土地面

建筑师在设计预留停车场的素土地面时，特意设置了混凝土间的接缝，可以在其间种植植物。我们在接缝间种植了麦冬，停车场的侧面和里面则种上了低处树枝不多的野茉莉和青皮木来修饰景观。

━ 明暗交织的〈形门前通道

限制了光线的门前通道呈现〈形

连接两代人住所的门前通道呈现〈形，这一设计故意限制了光线，形成了较暗的空间。通道途经的三处较小的庭院（里院），相对于暗处的通道来说显得更加明亮。在背风的向阳处分别设置了水、竹、山野三处不同的景致。

■ 水之景、竹之景、山野之景

里院A|用马醉木修景的庭院

| 里院 A | 祖父母玄关前的里院是水之景。我们利用了庭院原有的菊花形净手池，搭配马醉木修饰景观。为了使出水口尽量简洁，选用了仅经简单焚烧加工的水管。从起居室既可以欣赏景致，也能享受流水的声音。

| 里院 B | 从屋主的日光室能够看到竹之景的里院。选用了清爽的罗汉竹修景，使人仰望时宛若置身竹林。

| 里院 C | 最后是用红枫和青皮木打造的山野之景。这是从山里采来的杂交树种，两棵树紧挨着生长。可以在一棵树上欣赏到两种植物，对于空间有限的场所来说，这是丰富景致的绝佳选择。庭院中还搭配了大吴风草、吉祥草、麦冬等草类进行修景。

里院A|菊花形净手池和不锈钢出水口

里院B|透过窗户看到的罗汉竹

里院C|青皮木和红枫的杂交树种

日本扁柏

活用原有植物和通道，使内外连通

　　这是为改建这幢占地宽阔的住宅而进行的庭院翻新。宅子里有连接前后院的素土走廊和露台，两处庭院的树木丰美茂盛，本次翻新是围绕两院之间的通道进行规划的。

刈谷住宅

所在地　：爱知县刈谷市
户型　　：木结构二层建筑
家庭成员：祖父母＋夫妻＋孩子
竣工时间：2017年
占地面积：1201.26m²
建筑设计：SUPPOSE DESIGN OFFICE

罗汉松

蚊母树

杜鹃

叶兰

从起居室窗口看到的植物丰美繁茂的后院

©Toshiyuki Yano

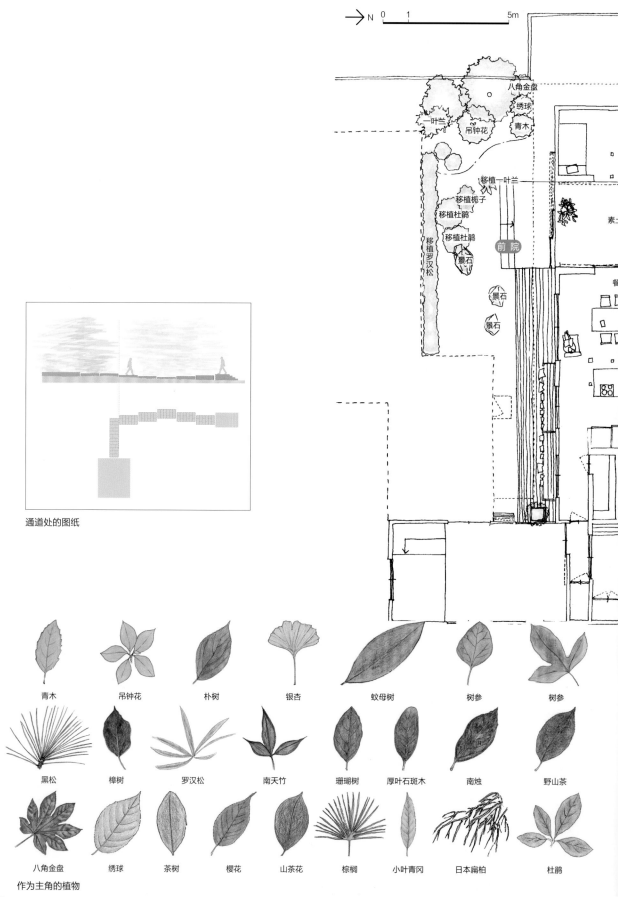

八角金盘
绣球
青木
一叶兰
吊钟花
移植一叶兰
移植栀子
移植杜鹃
移植杜鹃
景石
移植罗汉松
前院
景石
景石
素土

通道处的图纸

青木	吊钟花	朴树	银杏	蚊母树	树参	树参
黑松	樟树	罗汉松	南天竹	珊瑚树	厚叶石斑木	南烛	野山茶
八角金盘	绣球	茶树	樱花	山茶花	棕榈	小叶青冈	日本扁柏	杜鹃

作为主角的植物

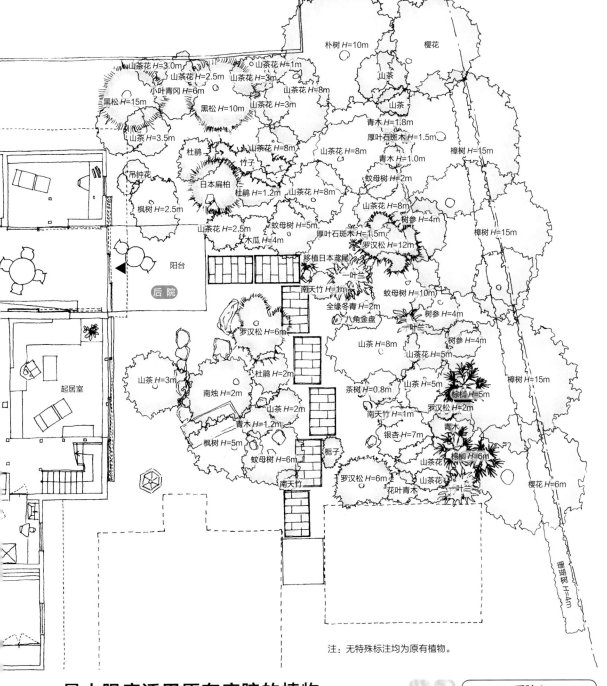

朴树 H=10m
樱花
山茶花 H=3.0m
山茶花 H=1m
山茶
山茶花 H=2.5m
山茶花 H=3m
小叶青冈 H=6m
山茶花 H=8m
黑松 H=15m
黑松 H=10m
山茶花 H=3m
山茶 H=1.8m
山茶 H=3.5m
青木 H=1.0m
厚叶石斑木 H=1.5m
樟树 H=15m
杜鹃
竹子
山茶花 H=8m
青木 H=1.0m
吊钟花
日本扁柏
杜鹃 H=1.2m
山茶花 H=8m
蚊母树 H=5m
枫树 H=2.5m
山茶花 H=8m
树参 H=4m
樟树 H=15m
山茶花 H=2.5m
蚊母树 H=5m
厚叶石斑木 H=1.5m
罗汉松 H=12m
移植日本鸢尾
木瓜 H=4m
一叶兰
蚊母树 H=10m
阳台
南天竹 H=1m
树参 H=4m
后院
全缘冬青 H=2m
罗汉松 H=6m
八角金盘
一叶兰
树参 H=4m
山茶 H=8m
山茶花 H=5m
起居室
杜鹃 H=2m
山茶花 H=5m
樟树 H=15m
山茶 H=3m
茶树 H=0.8m
南烛 H=2m
山茶 H=5m
棕榈 H=5m
山茶 H=2m
罗汉松 H=2m
青木 H=1.2m
南天竹 H=1m
青木
枫树 H=5m
银杏 H=7m
棕榈 H=6m
蚊母树 H=6m
栀子
山茶花
罗汉松 H=6m
山茶花
南天竹
花叶青木
一叶兰
樱花 H=6m
珊瑚树 H=4m

注：无特殊标注均为原有植物。

最大限度活用原有庭院的植物

后院1

宽阔的建筑用地中原本就生长着以樟树为主，樱花、黑松等为辅的高大树木，郁郁葱葱，如同森林一般。同时，还有南烛、山茶、山茶花、枫树等，植被种类丰富。此外，石灯笼、净手池、庭院景石等石质小品到处摆放着，闲置的晒台等也在各处凌乱地分布着，整体显得杂乱无章。

我们决定不清除这些已有物品，而是通过将它们进行整理、移动，从而形成足够丰富的景致。为了渲染这种被森林包围的氛围，我们活用已有植物对庭院进行了改良。

后院的小路被森林般的树木包围着

罗汉松

杜鹃

萱草

山茶

栀子

后院 | 活动路线穿过已有树木

━ 通往素土走廊的通道

后院 | 通往素土走廊的通道

与灰色方形铺石组合的电镀铁板框

改建后的住宅有着开放、通风的素土走廊和与之相连的露台。在设计连接庭院和露台的新通道时，将路线布置在院内树木较少的位置。这一过程中没有破坏生长于路线上的植物，而是将其移植到别处。

通道比地面高出约600mm，为了缓和与庭院的高差，我们使用了几个高度不同的铁板框，将其连成一条台阶状的通道。为了搭配用加炭砂浆制成的露台和素土走廊，使其形成统一感，这里的通道也使用了同色系的灰色石灰岩方形铺石。同时，对铁板框进行电镀，加工成灰色。

━ 打通前后院的通透视角

通往前院的素土走廊

建筑师一开始希望我们能将从素土走廊看到的前后院的景色统一起来。但是，前院中没有高大的树木，从后院移植过去也相当困难。因此，为使素土走廊呈现不同体量的绿意，我们在室内放置了观叶植物和瓜栗的盆栽，通过它们形成阶段性变化。

枫树

山茶花

从素土走廊眺望后院的通道　©Toshiyuki Yano

罗汉松

杜鹃

▬ 从走廊看到的景色

　　修剪院内现有的树木，使树形变得整洁清爽。将石灯笼移到合适的位置，散落在院子里的石头则用作景石，并在通道侧面也放上景石。同时，将草类移植他处。在这里故意将落叶作为地面设计留下，以防通道显得过高。将晒衣服的空间隐藏起来，多余的东西都移到视野之外。

CASE 18

在住宅中种植乡土植物

　　庭院主人十分向往在绿意包围中感受季节变化的生活，反复斟酌后最终买下了筑波万博会会场旁的这片土地。从这幢木结构的二层建筑中可以望见万博会举行时设置的如今已长得郁郁葱葱的绿地带。喜爱植物的庭院主人希望我们为其打造一处"被植物包围的房子"。

筑波住宅

所在地　：茨城县筑波市
户型　　：木结构二层建筑
家庭成员：屋主
竣工时间：2013年
占地面积：200.83m²
建筑面积：77.59m²
建筑设计：岐阜建筑设计事务所

门前通道处的庭院 | 由于会看到右边邻居的建筑，特意搭配了高大的树木

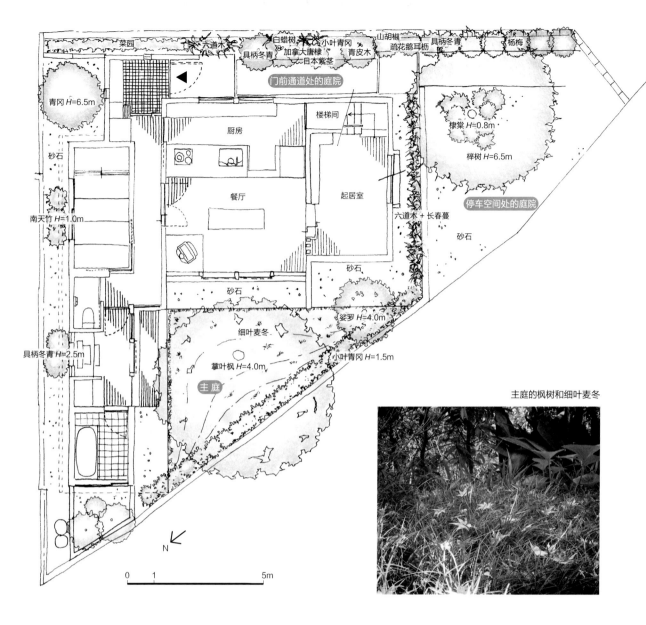

菜园

六道木

白蜡树 小叶青冈 山胡椒 具柄冬青 杨梅
具柄冬青 加拿大唐棣 青皮木 疏花鹅耳枥
日本紫茎

门前通道处的庭院

青冈 H=6.5m

砂石

楼梯间

厨房

棣棠 H=0.8m

榉树 H=6.5m

餐厅

起居室

南天竹 H=1.0m

停车空间处的庭院

六道木 + 长春蔓

砂石

砂石

砂石

婆罗 H=4.0m

具柄冬青 H=2.5m

细叶麦冬

掌叶枫 H=4.0m

小叶青冈 H=1.5m

主庭

N

0　　1　　　　　　　　5m

主庭的枫树和细叶麦冬

成长的绿色隧道

门前通道处的庭院

门前通道处是常绿树和落叶树交织而成的绿色隧道。白蜡树等落叶树，常绿的具柄冬青，搭配六道木等灌木，再加上眼前的榉树，就形成了穿过树木到达玄关的门前通道。

后来，庭院主人还加植了青皮木和山胡椒，不断地为庭院"升级"。

庭院主人的需求信

筑波住宅植物配置的需求信

请设计师在预算范围内尽可能满足以下需求，谢谢。

·由于西侧没有高大的墙体，所以希望通过种植具柄冬青等常绿树来分隔住宅与公共道路。还可以混种加拿大唐棣、蜡梅等具有季节感的树木，枫树等树形优美独特的树木也不错，希望通过它们最大程度地营造森林般的开放感。

·需要对东侧邻居的仓库和南侧邻居的住宅进行遮挡，可以种植一棵高大的榉树，并围绕它展开设计。同时，希望能在玄关东侧多种些常绿树和叶形美观的落叶树，以产生一种"穿过绿色隧道"的感受。

·在南侧铺设草坪，打造一种住宅悬浮在绿色植物上的氛围。

·由于预算有限，决定放弃在住宅西侧和南侧设置露台与杜鹃的方案。在草坪与住宅间铺上小石子或碎木屑就可以。注意：请不要设计成和式风格。

·虽然一层和二层的北侧很难照到阳光，但还是希望种些适宜的树木，让人可以通过树木形态的变化体验四季。另外，请为仓库预留空间（以上不少要求都相当具有难度，烦请设计师多费心）。

117

— 为四季增彩的高大枫树

主庭1

庭院主人希望在庭院中种上具有象征性的枫树，同时布置美丽的草坪、遮挡道路的常绿树，以及连接室内与庭院的石台阶。

在一层大窗户处种植了具有冲击力的、粗壮的掌叶枫，其枝叶覆盖了窗口。考虑到二层的视野问题，特意选择了高度适中、枝叶伸展的树木。

从产地送来时，卡车上只能装下一棵枫树。考虑到运输成本，用卡车运送较大的树木时，距离要尽可能缩短。为了在室内视角下隐藏道路，种上了一排常绿的小叶青冈。由于树木的阴影不利于草坪生长，庭院主人在事后施工时搭配了野扇花和细叶麦冬作为地被植物。

餐厅视角下的主庭，窗外是枝叶具有象征性的枫树

— 选择使用当地的树木

主庭2

一般情况下，我们对种植树木的产地没有特别要求，但考虑到土壤和环境的因素，这次的枫树是从同在茨城县的一家花木店购买的。一边想着客户对庭院的要求、想象着规划的庭院的样子，一边寻找与庭院各处匹配的树木，从而实现了与树木们的一期一会❶。

主庭的枫树、一层的餐厅及可以从二层起居室进行眺望的大窗户

---

❶ 日本茶道用语，表示一生只有一次的缘分。

▬ 楼梯间的风景

 景观窗处的庭院

从二层北侧楼梯间看到的浓密绿意

从楼梯间正面的景观窗可以看到青冈。这棵青冈非常高大，有6.5m高，枝叶一直伸展到二层地板处，特意选择了在这一高度也能看到枝叶的高大树木。

▬ 作为视线屏障的榉树

 停车空间处的庭院

庭院主人希望能用植物遮挡面对车位的窗口。为了营造不逊于对面绿地带的景色，种植了高6.5m的榉树。同时，从窗口也能欣赏到榉树的季节变化。

道路侧面的停车空间

室内视角下停车空间处的榉树

CASE 19

荷花玉兰

狭叶十大功劳

珍珠绣线菊

大吴风草

日本鸢尾

以场地原貌和回忆为出发点进行修景

M Residence

这是一幢属于一家四口的木结构二层建筑。原本生长在此的荷花玉兰高约6m，是房子的主角。建筑师在规划时没有改变荷花玉兰的位置，而是将它留在了玄关侧面，成为新家的迎宾树。每年夏天它都会开出繁茂的花，给庭院主人和过往行人留下美好的回忆。整座住宅除了长着荷花玉兰的前庭，还有以门廊为中心的中庭。

所在地　：岐阜县岐阜市
户型　　：木结构二层建筑
家庭成员：夫妻+2个孩子
竣工时间：2009年
占地面积：294.48m²
建筑面积：175.89
建筑设计：岐阜建筑设计事务所

麦冬

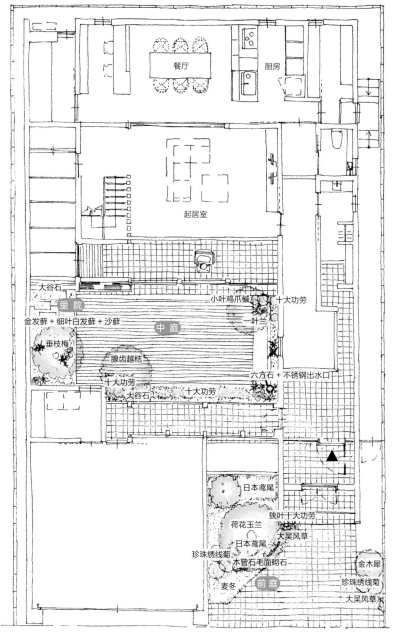

餐厅

厨房

起居室

大谷石

里院

金发藓 + 细叶白发藓 + 沙藓

小叶鸡爪槭   十大功劳

一叶兰

中庭

垂枝梅

腺齿越桔

六方石 + 不锈钢出水口

十大功劳

大谷石   十大功劳

日本鸢尾

狭叶十大功劳

荷花玉兰

大吴风草

珍珠绣线菊

日本鸢尾

木曾石毛面砌石

金木犀

珍珠绣线菊

麦冬

前庭

大吴风草

N

0   1   5m

一 如何保留原有的树木

前庭

新建的门前通道的面砖地面较前庭留下的荷花玉兰低，为防止树根露出需要设置挡土。挡土为半径约700mm的四分之一圆形，用**和良石**堆砌，高度为300~400mm。**和良石**产自岐阜县，其扁平的形状能够紧密地堆砌出低矮的圆形挡土墙。在荷花玉兰的根部和侧面的种植带里种上麦冬和日本鸢尾作为地被植物，加上具有柔软视觉效果的珍珠绣线菊，布置出明快、清新的庭院。

保留已有树木的好处在于可以感受到树木在此一点点扎根的时间积累。它会和住户留在院中的回忆一起变成孕育对新房子的爱的摇篮。

时间越久的树木越不建议移植，移植老树必须在咨询专家的基础上进行充分的整根。移植会给树木带来相当大的负担，决定位置时必须仔细调研，切忌返工。

了保留老房子的记忆，留下了前庭的荷花玉兰

中庭 | 外走廊处的木甲板

━ 凸显水声风雅的修景

车库后的外走廊是从玄关延伸过来的，面对着中庭。中庭比起居室低150mm，对面是贴着瓷砖的土间，与室外的木甲板和平台相连。木甲板位于中庭中心，两侧分别是贴着瓷砖的水池和可以从和室望见的里院。

位于中庭的水池从玄关地窗处送来阵阵清凉，迎接客人。将柱状的**六方石**立起，打通中间并嵌入水管，使用不锈钢出水口将水引出。木甲板稍稍从水池瓷砖上方盖过，站在甲板上，感觉水面就在脚边。不锈钢出水口提前请制铁厂烧制加工成黑色，以搭配**六方石**的质感和颜色。同时还设计了从高处落下的"水声"。

中庭 | 柱状的六方石

不锈钢出水口

十大功劳

中庭 | 从不锈钢出水口落入水池的流水

━ 和式景色和素材的搭配

和室视角下里院的垂枝梅

　　里院的主角是垂枝梅。改建前的老房子中也有一株承载着庭院主人回忆的垂枝梅，但由于季节原因无法移植，不得已砍掉了，为补缺又种了一棵新的。地面上搭配清爽的苔藓、大吴风草、蕨类等。位于屋檐下的部分用铁框隔开，铺上去除棱角的砾石。同时，设置大谷石作为从和室通往中庭木甲板的道路。为了使庭院和室内连接起来，规划时尽量消除了里院与和室的高差。

大吴风草

麦冬

红鳞毛蕨

金发藓＋白发藓＋沙藓

大谷石

日式砾石

里院的砾石和大谷石

CASE 20

欧洲橄榄

六道木

成道木

大花六道木（黄色斑纹）

得熟黄杨

玉簪

百里香

西芹莲

享受细节中的异国情调

　　这是一幢建在郊外住宅区的口形天井住宅，为RC结构的二层建筑。喜欢冲浪的庭院主人希望我们设计一个具有巴厘岛或夏威夷等异国风情的庭院。住宅正面有一个带屋檐的车库（2车位）和兼备门前通道功能的临时停车位（1车位），通道侧面有一片恰到好处的种植带。

冈崎住宅

所在地 ：爱知县
户型 ：RC结构二层建筑
家庭成员：夫妻
竣工时间：2010年
占地面积：225.34m²
建筑面积：108.91m²
建筑设计：岐阜建筑设计事务所

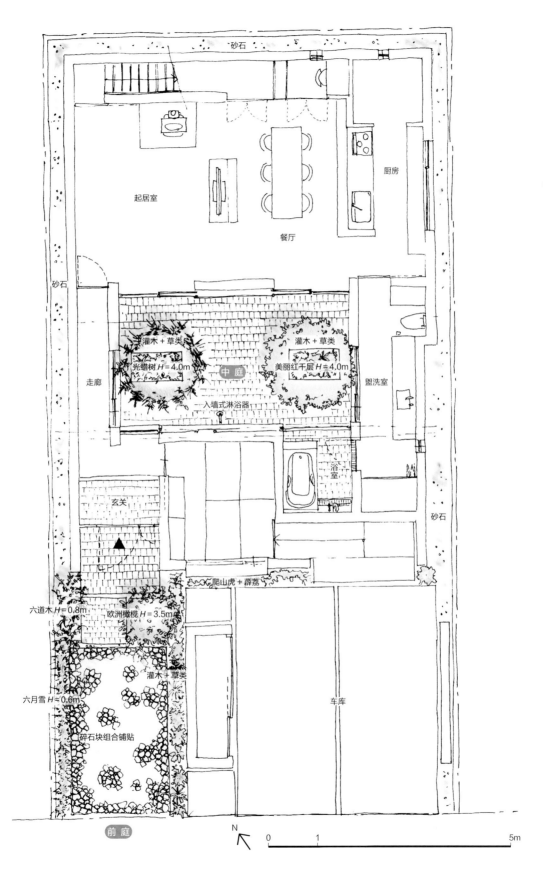

砂石

起居室

厨房

餐厅

砂石

走廊

灌木 + 草类
光蜡树 H=4.0m

灌木 + 草类
美丽红千层 H=4.0m

中 庭

盥洗室

入墙式淋浴器

玄关

浴室

砂石

爬山虎 + 薜荔

六道木 H=0.8m

欧洲橄榄 H=3.5m

六月雪 H=0.6m

灌木 + 草类

碎石块组合铺贴

车库

前 庭

N

0   1   5m

刚竣工的碎石人行道

碎石路和热闹的草本带植

前庭竣工8年后植物繁茂的样子

比起车库（2车位）混凝土地面的均质感，门前预留的停车位（同时也是大门通道）更注重展现建筑材料本身的质感。玄关门廊和台阶前的通道分别选用了茶色系手工花砖和角岩材质的碎石。虽然不对路面碎石进行固定更能营造凌乱的自然氛围，但考虑到该空间的停车和通行功能，还是选择将碎石平铺固定在路面上。

玄关的楼梯旁种着欧洲橄榄，其周围和停车场侧面种着百里香、牛至、素馨花、迷迭香、铺地柏、百子莲、新西兰麻、玉簪等灌木或草本植物。邻居一侧的楼梯旁种着六道木，同侧的碎石路边则搭配了六月雪。建筑物和瓷砖等加工材料的直线与植物的曲线重重叠叠，形成美丽的对比。如今前庭已竣工十余年，当初种下的植物都变得繁茂起来，门前走廊的氛围非常舒适。

通过在土壤表面铺满木屑的方式进行护根。这样做既能防止干燥、抑制杂草生长，与当地的黄土和花岗岩风化形成的砂土相比也更加美观。

玄关门廊角度看到的前庭和门前通道

一 宛若置身南方的植物布景

长方形的中庭被玄关、走廊、起居室、餐厅、盥洗室和浴室包围，其选用和玄关相同的手工花砖，并设有两处种植带。其中一处种着树形美丽的光蜡树，另一处生长着高大的澳大利亚原产美丽红千层，用以营造南方的氛围。需要特别注意的是，喜欢温暖气候的树木只能在温暖地区培育。

两处种植带的下方种有六道木、铺地柏、百子莲、大花六道木（六道木的矮生种）、玉簪或百里香、迷迭香、牛至、素馨花等香草类植物，它们也可以用于料理和插花。

由于迷迭香、铺地柏、素馨花、大花六道木的枝干会横向生长，所以在种植下方的草本植物时着重凸显其蓬勃的动感，表现出一种花草溢出四方形种植带的感觉。中庭的土壤表面也铺上了木屑。

此外，为了方便屋主在冲浪回来后马上就能淋浴，中庭装有入墙式淋浴器。这是一种只有在隐私性较高的口形中庭才能实施的独特设计。

入墙式淋浴器

中庭｜光蜡树（外）和美丽红千层（内）

中庭成为起居室的延伸空间

CASE 21

在设计中融入住宅的历史与风情

这次改造的是两人一起生活的京都城镇住宅，分别对前庭和主庭进行了改建。因为住宅中设有儿童理科实验教室，所以在造园时将各种行动路线都考虑在内，如孩子们骑车来上课时的停车路线。

理科町屋

所在地 ：京都府京都市
户型 ：木结构二层建筑
家庭成员：夫妻二
竣工时间：2017年
占地面积：160.0m²
建筑面积：89.0m²
建筑设计：Atelier Bow-Wow

南天竹

掌叶枫

蜡瓣花

马醉木

一叶兰

大吴风草

麦冬

前庭利用了原住户收集的石头

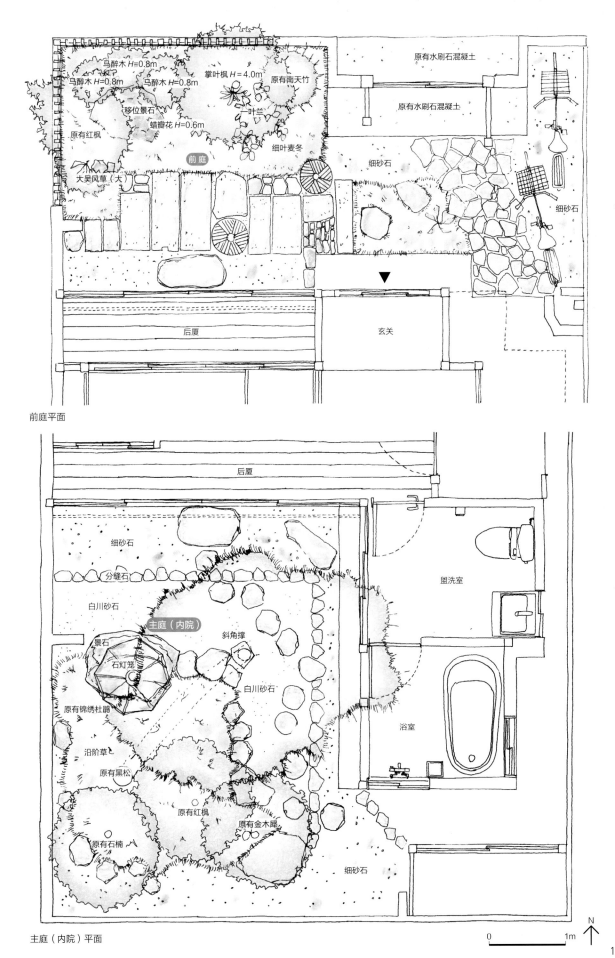

马醉木 H=0.8m
马醉木 H=0.8m
马醉木 H=0.8m
掌叶枫 H=4.0m
原有南天竹
移位景石
叶兰
蜡瓣花 H=0.6m
前 庭
原有红枫
细叶麦冬
大吴风草（大）
原有水刷石混凝土
原有水刷石混凝土
细砂石
细砂石
后厦
玄关

前庭平面

后厦
细砂石
盥洗室
分缝石
白川砂石
主庭（内院）
斜角撑
景石
石灯笼
白川砂石
原有锦绣杜鹃
浴室
沿阶草
原有黑松
原有红枫
原有金木犀
原有石楠
细砂石

主庭（内院）平面

0   1m

N

131

承载原住户回忆的石板路

去现场做庭院规划方案时看到了满身是泥的建筑师。将原住户收集的旧石臼、旧石板（过去市营电车的铺石）等重新排列组合，庭院规划是在建筑师设计的石板路的基础上进行的。

建筑师设计的前庭石板路

熟练布置石头的建筑师

利用现有庭院重构景色

前庭和道路的交界处有纵向的格子栅栏。之前的前庭是一个被围墙包围的封闭空间，出于主人的愿望而赋予这一空间公共性的建筑理念，将围墙改为格子栅栏。为了能从外侧看到内侧的情况，栅栏旁的植物选择了下方枝干较少的枫树，使视线不受遮挡。

此外，石板路按照建筑师的设计进行了高度上的统一。在石板路接缝里随意地布置了一些沙藓，如同庭院原生的一般。

除了石板路，粗壮的红枫和柏树也继承了庭院的历史，我们对红枫进行了剪枝，整理了树形。将长势较弱的柏树砍下作为木材保存起来备用。同时，新搭配了掌叶枫来替代柏树。将原本位于单车停车区的景石移至前庭继续使用。在庭院各处种上马醉木、蜡瓣花、一叶兰、大吴风草，铺上细叶麦冬作为地被植物，营造出沉静的山野景色。

前庭｜刚铺好的石板路

通过控制植物生长而复苏的景色

原来的主庭

黑松
斜角撑
金木犀
红枫
锦绣杜鹃

用烧杉木作为主庭倾斜黑松的斜角撑

里面的主庭活用了现有的黑松、金木犀、红枫、锦绣杜鹃。从室内望去，眼前是长得郁郁葱葱、体量过大的锦绣杜鹃，为了凸显庭院的纵深，为其进行了疏枝。经过修剪整理后，红枫和金木犀的树形变得整齐多了。同时，我们还使用烧杉木作为倾斜黑松的斜角撑。为了防止腐化、增加支柱的耐久性，没有将烧杉木埋入地下而是用柱石将其撑起。

主庭也和前庭一样有许多前住户收集的石头，形状和风格都相当独特，于是进行了二次利用。将拳头大小的石头沿L形的屋檐排列成散水线，作为插石（沿建筑基座线分布，起保护作用的石头）。改变现有踏脚石的位置，打造通往里侧储物间的通道。洗净其余石头，使其露出本来面貌，在裸露的土地上铺砂石修景。

为原有的假山地面除草，平整地面后覆盖细叶麦冬等草类。

在改造建筑时，有时会保留已有的植物、石材等，珍惜留在上面的历史，有时也会全部抹去过往的痕迹。要学会区分出可以留下利用的部分，对其进行补足加工，赋予其新的美感，通过这种方式使庭院景色焕发生机。

主庭｜用砂石和细叶麦冬为地面修景

掌叶枫

作为公私区域间缓冲的绿意

这幢建筑内既有住宅区域，也有诊所区域，因此我们给出了融合公私两个区域的庭院方案。一层诊所和二层住宅分别设有一处庭院。一层庭院不仅给就诊患者带来了愉悦的观感，院中树木也在精心设计下成为住宅区域的景致。为了能够从建筑各处欣赏庭院中的风景，设计师下了不少功夫。

O-clinic/O-house

所在地 ：神奈川县
户型 ：RC 结构＋木结构二层建筑
家庭成员：夫妻
竣工时间：2012 年
占地面积：650.93m²
建筑面积：432.58m²
建筑设计：acaa

CASE 22—

四照花

野茉莉

俯视诊所兼住宅的公共庭院，一层为 L 形的桩基结构   ©UEDA Hiroshi

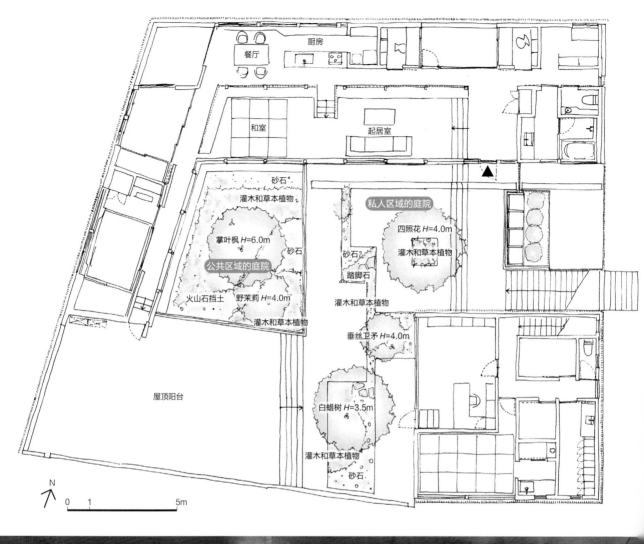

厨房

餐厅

和室

起居室

砂石

灌木和草本植物

掌叶枫 H=6.0m

私人区域的庭院

四照花 H=4.0m

砂石

灌木和草本植物

公共区域的庭院

砂石

踏脚石

火山石挡土

野茉莉 H=4.0m

灌木和草本植物

灌木和草本植物

垂丝卫矛 H=4.0m

屋顶阳台

白蜡树 H=3.5m

灌木和草本植物

砂石

N

0   1   5m

公共区域的庭院｜就诊患者用的停车场有屋顶遮挡，雨天也十分舒适与方便

— 迎接就诊患者的活泼绿意

公共区域的庭院 ｜ 枝叶舒展的高大枫树一直延伸至二层

由于有 L 形的桩基结构和一路延伸至停车场的连廊，所以即使在雨天也能保证患者就诊的舒适与方便。连廊通往诊所入口，沿途经过的公共区域的庭院成为迎接患者的重要场所。公共区域的庭院同时面对二层的居住区域，作为公私区域间的缓冲带，需要有能够延伸至二层的高大树木。于是选用了上部枝叶较为舒展的枫树，一层可以欣赏粗壮的树干、享受荫凉，二层可以欣赏枝叶。

在地面制造假山，用高度的起伏赋予景色变化，以防空间过于单调。这里在天气晴好时可以看见富士山，因此特意选用了具有当地特色的火山石作为假山挡土的材料。用吉祥草、麦冬、苔藓覆盖假山地面，混搭狭叶十大功劳、珍珠绣线菊等常绿植物和落叶植物修饰景观。为了给一层造景，除了枫树还种植了野茉莉。

越过起居室与和室可以看见私人区域的庭院。右侧为从楼下公共区域的庭院中伸展上来的枫树

覆盖假山地面的吉祥草、麦冬、苔藓

葦叶枫

野茉莉

珍珠绣线菊

百里香

麦冬

公共区域的庭院｜营造高低起伏的假山

火山石肖生

伸展至木甲板的树木枝叶

私人区域的庭院 | 二层的屋顶阳台

为保护居住区域的隐私，二层的住宅区域呈向内缩进的形式，前面设置了宽敞的木甲板作为屋顶阳台。建筑师在此设置了几处可以填土的种植带，种植带深600mm，这个深度即使种植乔木也是足够的，于是种上了四照花、白蜡树。透过居住区域的窗户可以欣赏到树木。同时，为了和一层庭院形成统一感，在乔木根部放置了和一层相同的火山石。此外，地面的布置也和一层保持一致，种植了吉祥草、狭叶十大功劳、珍珠绣线菊，以形成统一感。

一层和二层使用的火山石（一层砌石部分）

私人区域的庭院 | 种植带的填土深约600mm，里侧为起居室与和室

CASE 23

腺齿越桔

腺齿越桔

光蜡树

十大功劳

吉祥草

打造建筑正面的树丛通道

这是一幢属于三口之家的木结构二层建筑，带有被杂树林包围的庭院。在设计前庭时将街景也考虑进来，将其布置成绿意盎然的"风趣空间"。主庭设置了水池，既可以欣赏流水的声音，也能体验木屑带来的足下触感，五感体验相当丰富。

TG Residence

所在地　 ：岐阜县岐阜市
户型　　 ：木结构二层建筑
家庭成员：夫妻＋孩子
竣工时间：2010 年
占地面积：309.82m²
建筑面积：185.68m²
建筑设计：岐阜建筑设计事务所

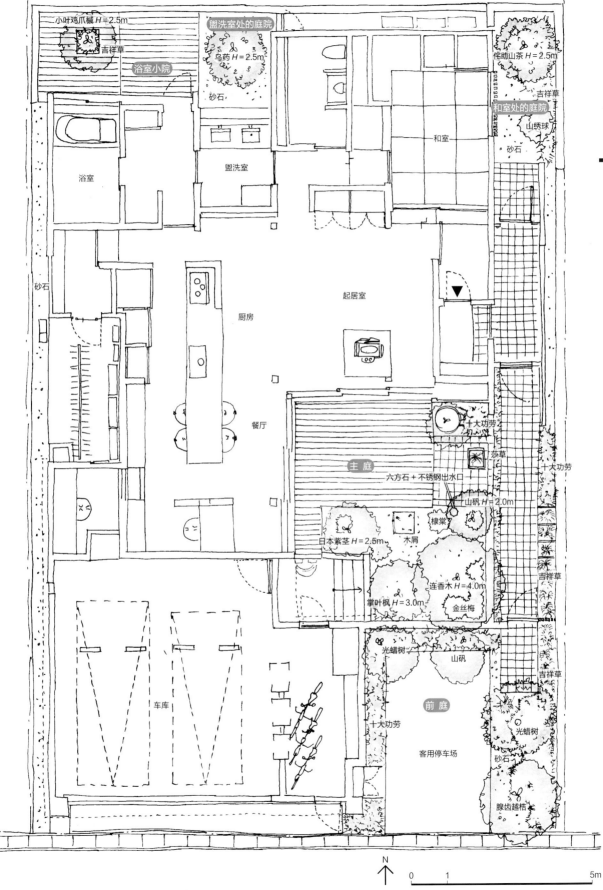

小叶鸡爪槭 H=2.5m

吉祥草

浴室小院

盥洗室处的庭院

乌药 H=2.5m

砂石

侘助山茶 H=2.5m

吉祥草

和室处的庭院

山绣球

砂石

和室

浴室

盥洗室

砂石

厨房

起居室

▼

餐厅

主 庭

十大功劳

莎草

十大功劳

六方石＋不锈钢出水口

山矾 H=2.0m

棣棠

吉祥草

日本紫茎 H=2.5m

木屑

连香木 H=4.0m

掌叶枫 H=3.0m

金丝梅

光蜡树

山矾

吉祥草

车库

十大功劳

前 庭

客用停车场

光蜡树

砂石

腺齿越桔

N

0   1   5m

有客用停车场的前庭被绿意包围，为街道增添一抹亮色

丰富街景的停车场种植带

车库旁的前庭兼作客用停车场。正面围墙高约3m，其前方有一个进深为600mm左右的种植带。以围墙为背景种植光蜡树和山矾，选用浓绿的十大功劳作为围根用的灌木。高大的树木会使视线的中心变高，搭配十大功劳可以平衡景观。停车场侧面种上腺齿越桔和乔木类的光蜡树，制造被绿意包围的空间。同时，主庭树木的枝叶会越过围墙探出头来，形成一种伫立林间的立体感。

在建筑和停车场的空余处加入植物，不仅能为住户提供内外一体的多层次空间体验，还能丰富街道景观。

树荫成为闲静杂木庭院的主角

主庭｜木甲板侧面贴着瓷砖的水池

喜爱树木的庭院主人希望在主庭中种植多种树木，打造一个杂木庭院。我们从中选择了连香木和日本紫茎，搭配山矾、掌叶枫、金丝梅、棣棠。同时，为了再现走在杂木林内的地面触感而铺上了木屑。这样也能很好地和落叶景色融为一体。如今长大的连香木覆盖了庭院，投下令人舒适的树荫。

通过木甲板可以到达面对庭院的起居室和餐厅，木甲板侧面设有铺着瓷砖的水池。特别订制了不锈钢出水口，使其从六方石中伸出。水池里侧纵向木制百叶窗的对面，是通往玄关的门前通道。这样一来，不仅在庭院内，走过门前通道的来访者也能听见潺潺的水声。起初只在水池中放置了花盆并种上莎草等水生植物。如今，家里的孩子还在水池里养了金鱼。

虽然连香木会长得非常高大，但庭院主人还是希望能种上一棵。不过，树木长大后落叶也会增加，培育时需多加注意，以免给邻居造成困扰。

掌叶枫

山矾

连香木

日本紫茎

颇具杂木林氛围的主庭

一 四季常绿的庭院

　　门前通道里侧有一个可以从和室望见的小院。种在这里的山绣球是从山里采来的，这也是庭院主人要求种下的树种之一。由于山绣球在冬季落叶后会显得十分萧条，于是在里面种上了常绿的侘助山茶。早春可以欣赏侘助山茶花，初夏时节欣赏山绣球花。里侧常绿树的布置灵活地利用了纵深，非常引人注目。虽然在根部种着吉祥草，但苔藓的长势更胜一筹。该住宅位处住宅区，周围少有可以利用的风景，将板壁作为庭院背景，效果相当好。

玉簪　侘助山茶　山绣球　山绣球

从和室看到的侘助山茶

和室处的庭院

透过小窗感受绿意

盥洗室处的庭院 | 从窗口看到的常绿乌药

浴室小院 | 没有被木甲板遮挡的吉祥草

　　浴室小院内设置了木甲板，并将中央凿开做成种植带。由于建筑人员将种植土填至几乎与木甲板平齐的位置，所以下方的吉祥草没有被木甲板挡住，看上去非常美丽。将小叶鸡爪槭作为主角的庭院非常具有季节感。

　　盥洗室的镜子下方设置了横向的长窗口，为了搭配与窗口高度一致的常绿树而选择了乌药。由于庭院主人是医生，而乌药的根部可作为中药使用，因此推荐了这种树，以象征庭院主人的职业，寓意全家健康。

CASE 24

生长在城市森林里的原野庭院

　　这幢六角形住宅位于 20 世纪 70 年代开发的住宅区内。宅基地建成前，这里是一片森林，设计者希望能够在庭院里还原那样的景观，于是选用了当地的树木。尽管现在还只能看见宽敞的草坪，但再过个 5 到 10 年，树木逐渐成长，想必森林般的树丛就会包围住宅。

志贺的光路

所在地　：爱知县
户型　　：木结构二层建筑
家庭成员：夫妻+3 个孩子
竣工时间：2014 年
占地面积：225.48m²
建筑面积：68.71m²
建筑设计：佐佐木胜敏建筑设计事务所

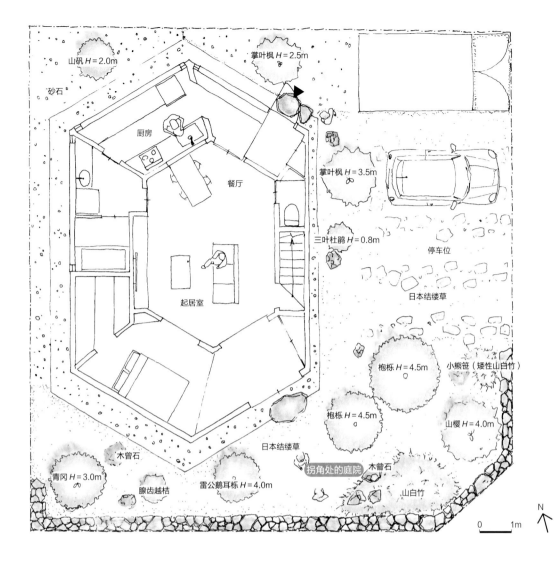

山矾 H = 2.0m

掌叶枫 H = 2.5m

砂石

厨房

餐厅

掌叶枫 H = 3.5m

停车位

三叶杜鹃 H = 0.8m

日本结缕草

起居室

炮栎 H = 4.5m

小熊笹（矮性山白竹）

炮栎 H = 4.5m

山樱 H = 4.0m

日本结缕草

木曾石

拐角处的庭院

木曾石

青冈 H = 3.0m

腺齿越桔

雷公鹅耳栎 H = 4.0m

山白竹

0　　　1m

N

天井和墙壁间的采光缝

高大树木般的木制百叶窗。上部采光缝处的光线像树叶间洒落的阳光一般

E拐角处的六角形住宅。建筑较为靠里并带有开放式庭院

一 与庭院连为一体的草坪停车位

毛面砌石

乱面砌石

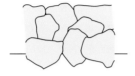

错缝砌石

砌石的方式

庭院主人表示想在院内烧烤，还希望留出3个停车位。由于路面和住宅间存在高差，所以在道路边界处砌石、填土，使居住区域和庭院平齐。为了接近周边森林的植被风格，选择了枹栎、掌叶枫、青冈、雷公鹅耳栎、山樱、三叶杜鹃、腺齿越桔等附近生长的树种。

停车空间铺上草坪和庭院连成一体，出现车辙的地方搭配的是天然石头而非混凝土，使之成为森林景观的一部分，所有布置都遵循"在森林包围下生活"这一理念。不设栅栏和围墙的开放式庭院与拐角处面对道路而建的住宅形成鲜明对比，同时，因其和街景融为一体而备受好评，获得了爱知县街道建筑奖。

青冈
作为边界的植物

雷公鹅耳栎

掌叶枫

山樱

枹栎

腺齿越桔

草坪

山白竹

小熊笹（矮性山白竹）

围合庭院的树木

开口较少也能成为优势

庭院景色令人联想到石头从梯田中露出的原始风貌

开口较少的房子往往给人一种与街道割裂的封闭印象，但从不用为了保护隐私而设置围墙等方面来看，这就是一个非常大的优势了。在为开口较少的建筑造园时，即使要最大限度地为室内视角着想，也不必拘泥于和内部的关系，思考和城市联系的价值也不失为一种不错的造园思路。

尽管当地能够开采到**御影石**，但为了尽可能保持森林的印象，使用了采自岐阜县东浓地区的**木曾石**。布置时在景石和砌石部分下了大功夫，采用毛面砌石的方式制作了挡土。进行景石的搭配时，要注意保持庭院景观的平衡。为了能使当地人在看见庭院时回想起城市的过往，我们参照山间或梯田的原始风貌，仿照其间石头分散露出的状态进行了布置。

同时，由于建筑与庭院出入口处存在高差，因此使用了具有一定厚度的天然石头，连起庭院到屋子之间的路线。除了连接出入口的石头，分布于各处的景石也使用了同种石头，以形成统一感。

放置天然石头的停车位

专栏01｜商业街的小森林

用大块铁平石铺设的踏脚石 ©Ludovica Anzaldi

对岐阜市柳濑商业街的一处空地进行了再次利用。这是一处开放式空间，位于集福利设施、出租住宅、出租商铺为一体的复合大厦用地内。大厦主人委托我们在柳濑商业街打造一片森林，于是在规划用地内种上了高大的树木，即使被大厦和高拱廊包围，其存在感也不输给周围的建筑。

柳濑商业街
所在地　：岐阜县岐阜市
竣工时间：2015年
空地面积：45.21m²
建筑设计：DesignWater

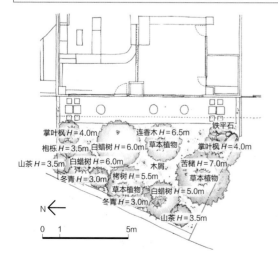

掌叶枫 H=4.0m　连香木 H=6.5m　铁平石
炮栎 H=3.5m 白蜡树 H=6.0m 草本植物　掌叶枫 H=4.0m
山茶 H=3.5m　白蜡树 H=6.0m　木屑　苦槠 H=7.0m
冬青 H=3.0m　栲树 H=5.5m　草本植物
　　　　草本植物　白蜡树 H=5.0m
冬青 H=3.0m　　　　　山茶 H=3.5m

N
0　1　　　　5m

刚竣工的柳濑商业街的景色

在高楼大厦衬托下的森林

为了打造和建筑空间融为一体的城市森林，我们选用了不会泯然于繁杂街景的高大苦槠作为标志性树木。挑选植物时参考了距商业街不到 2km 的金华山上的植物，以苦槠、山茶、枫树、连香木等作为备选，制造具有当地特色的风景。最后从中选择了苦槠——金之华（锥属），这也是金华山名字的由来。大厦主人非常在意对面店铺的霓虹灯，受其委托，在竣工后也一点点增加树木，如今这里已经变为令人眼前一亮的绿地带。

过去被称作柳濑银座的繁荣商业街，如今闲置铺面逐渐增加。想要通过这次尝试让商业街重焕生机，就必须在设计上转换思路。例如即使用地夹在大厦和拱廊之间，只要能巧妙利用周围的建筑结构凸显森林，也能形成阳光照射下的森林环境。或许正因为处在日照适中的环境里，在第三年树木就长得很好了，如此便形成了对人和植物来说都很舒适的环境。

位于商业街内的规划用地

（上）出现在商业街中的森林
（下左）从用地内看商业街，用常绿树保持森林环境
（下右）从店内看到的森林

舒适的穿越路线

虽然这片种植带是作为通往店铺的路线而布置的，但这片区域本来是供行人休息的场所。所以在树下配置了桌椅，以确保有休息的空间。为了提供如同在森林中散步的体验，还在地面上种植了生长于森林中的棣棠、胡枝子和草类，同时铺上木屑再现柔软土壤的足底触感。此外，考虑到商业街的特点，包括吸烟者在内的多种不特定人群均可能出现，选用了非易燃的木屑。为保证通行便利，通道踏脚石选择了大块的铁平石。

虽然木屑能够带来不错的足底触感，但也很容易卡在鞋跟处妨碍行走，且在雨天容易弄脏鞋子，因此，设置踏脚石就非常有必要了。

一 专栏02 | 复健用绿道

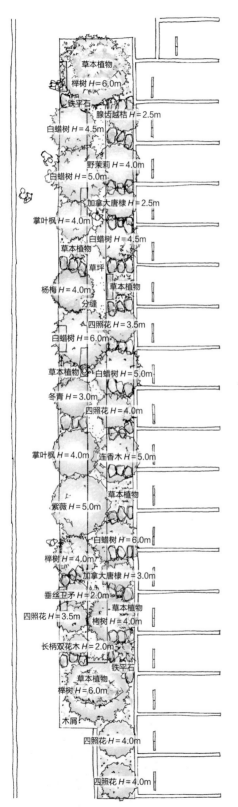

草本植物
榉树 H=6.0m
铁平石
腺齿越桔 H=2.5m
白蜡树 H=4.5m
野茉莉 H=4.0m
白蜡树 H=5.0m
加拿大唐棣 H=2.5m
掌叶枫 H=4.0m
白蜡树 H=4.5m
草本植物
草坪
杨梅 H=4.0m 草本植物
分缝
四照花 H=3.5m
白蜡树 H=6.0m
草本植物 白蜡树 H=5.0m
冬青 H=3.0m
四照花 H=4.0m
掌叶枫 H=4.0m 连香木 H=5.0m
草本植物
紫薇 H=5.0m
白蜡树 H=6.0m
榉树 H=4.0m
加拿大唐棣 H=3.0m
垂丝卫矛 H=2.0m
草本植物
四照花 H=3.5m 楂树 H=4.0m
长柄双花木 H=2.0m
铁平石
草本植物
榉树 H=6.0m
木屑
四照花 H=4.0m
四照花 H=4.0m

N ←

0 1   5m

白蜡树 榉树
杨梅
白蜡树

绿色的隧道状通道

近石医院位于岐阜市，计划在门诊部和住院部间加建停车场，同时进行了两栋楼间走廊处的庭院规划。住院部内有着供脑梗死患者进行复健的设施，因此计划将走廊处的庭院兼作复健用的步行空间。由于庭院还面对停车场，因此将其间的路线也纳入了考虑范围。

近石医院

所在地　：岐阜县岐阜市
结构/层数：RC+S结构6
　　　　　层建筑
竣工时间　：2015年
占地面积　：3888.4m²
建筑面积　：1529.5m²
庭院面积　：194.83m²
建筑设计　：大建met

医院的走廊

▬ 在绿道进行步行训练

兼做复健患者步行训练空间的走廊上方，部分区域设置了屋顶。希望在天气晴好时，患者可以到露天区域的植物间走走。于是设计了与走廊平行的草坪路，两侧搭配乔木，制造一条隧道状的绿道。

绿道两端种上了榉树作为路标，沿途搭配了白蜡树、枫树、杨梅、栲树、连香木、紫薇、野茉莉、冬青、加拿大唐棣、长柄双花木等植物。

通过混栽常绿树和落叶树，可以使患者一边复健一边欣赏四季之美。

隧道状的绿道CG1

隧道状的绿道CG2

停车场处的庭院

▬ 确保横穿绿道的路线

为了能够横穿绿道前往停车场和走廊，分别在两个区域和草坪之间铺上铁平石使之连通。

通道之间还设置了6处用来休息的长椅。

尽管与停车场间的步行区域长达50m，但植物给空间带来了律动感，使之与沿途景观融为一体，这一设计获得了2017年岐阜市景观奖。停车场往往以停车数量优先，有时碍于设计规范不得不种些植物时，大多也只是应付了事。但我认为，在植被上下些功夫，其实能带来很大的附加价值。

从走廊看到的绿道

155

　　第二部分将介绍实际造园过程中的手法、材料、工序。"解读用地和建筑"部分主要对开始造园时必须考虑的地理环境和庭院主人的期望进行分析；"选择树木"部分讲解了如何选择与场景相配的树木、树形；"搬来一片景"部分则说明了怎样有效利用给庭院带来美感的要素；"选择素材的方法"部分介绍了凸显主景树的素材；最后"通过实例解读树木作用"部分收录了一个庭院从计划到完工的实际工序。

第二部分

造园的方法

1 解读用地和建筑

─ 不能只关注庭院

进行庭院规划首先要解读庭院和给定条件的关系。面对建筑和城市时，应思考在这里能做什么、该做什么，其中一定隐藏着规划的线索和灵感。

线索是多种多样的，例如庭院主人的要求、建筑和装修的偏好、布局环境、气候条件、地方风气和历史等。要打开视野，这样规划出的庭院不仅美丽，还能充分利用所在地的状况，发挥其潜力。

─ 实地考察的要点

首先要了解规划用地的情况，例如用地的选址、气候、方位、高差、周边环境、远景等。想要掌握所在地的特性，收集资料是不可或缺的。

知道了用地的选址和方位，光线的照射方式和产生影子的地方自然就清楚了，如此一来，该在哪里种植也就一目了然了。了解气候可以帮助我们找到选择树种的线索。如果周边有绿意盎然的公园，就可以将公园的绿意和庭院的景色联系起来，远景不错的地方则可以活用远景进行布置。另外，当需要保护隐私时，则需要考虑遮挡。

同时，根据用地和建筑感知庭院的规模也是很重要的。心里有规模感，就能打造出具有平衡感的美景。纸上谈兵难免会产生误差，因此实地考察就显得非常重要了。

庭院景色有时可以中和建筑的存在感，与城市融为一体。仔细观察周边环境，站在以建筑为背景的每一个视角亲自观察，也是非常重要的。

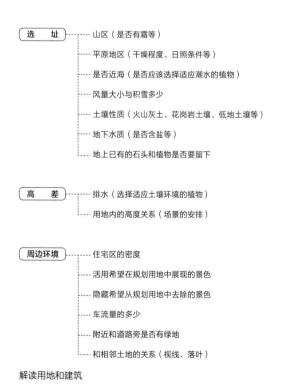

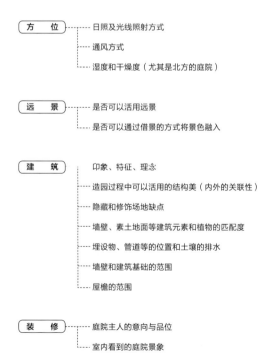

解读用地和建筑

━ 和庭院主人的对话

和庭院主人的对话是最重要的。他们是实际在那里生活、进行维护的人。想让孩子在草坪上玩耍，想要秋千之类的游乐设施，想要比萨炉，想亲手种植采摘，想拥有家庭菜园，想用庭院里的花插花、招待客人，想在院子里露营，想要沙坑，想要高大的树木……庭院主人会有各种各样体验庭院乐趣的愿望。此外，还有"想种那种树，想留这棵树"之类经过深思熟虑后提出的要求，有"想作为茶室，想体验疗养地的感觉"等针对庭院整体印象的要求，有"希望设置视线屏障保护隐私"这种产生于周边环境的要求。

需要注意维护所需的花销和持续管理所需的时间，例如讨厌杂草、讨厌昆虫、落叶真烦人、不能每天浇水等，还要考虑照顾庭院内生物的问题。

虽然常常听到庭院主人说"一切拜托了"，但如果不能从庭院主人如何使用庭院、享受庭院的视角去看待问题，这种管理往往很难维持。

造园成本一定要在早期言明。如果想在室外空间布置些什么，应尽量在建筑规划时就提出想法，大概的造园计划也建议同时商榷。

话虽如此，但造园工程还是难免会超出预算。从造园的开始阶段就必须下功夫控制成本。日常生活的重要场所、建筑的亮点等需要优先规划。种植树木的高度和体积要有张有弛，我们需要具备花费最少的精力打造效果最好的景致的思维发散能力。

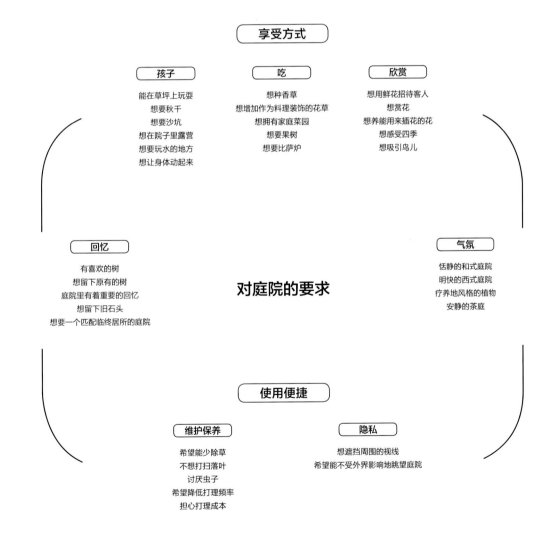

享受方式

孩子
能在草坪上玩耍
想要秋千
想要沙坑
想在院子里露营
想要玩水的地方
想让身体动起来

吃
想种香草
想增加作为料理装饰的花草
想拥有家庭菜园
想要果树
想要比萨炉

欣赏
想用鲜花招待客人
想赏花
想养能用来插花的花
想感受四季
想吸引鸟儿

回忆
有喜欢的树
想留下原有的树
庭院里有着重要的回忆
想留下旧石头
想要一个匹配临终居所的庭院

对庭院的要求

气氛
恬静的和式庭院
明快的西式庭院
疗养地风格的植物
安静的茶庭

使用便捷

维护保养
希望能少除草
不想打扫落叶
讨厌虫子
希望降低打理频率
担心打理成本

隐私
想遮挡周围的视线
希望能不受外界影响地眺望庭院

2 选择树木

— 精选与场景最相配的树木

在庭院规划过程中，最令人头疼的就是和建筑相配的树种的选择。必须从建筑的整体印象、装修风格和庭院主人的意向、地域性、选址、气候、土壤、维护、树木氛围、树木供应状况等各种各样的角度进行考量。

有时树木的外形和氛围等都与房屋匹配，但受限于当地的水土状况难以养活，因此在选择时必须慎之又慎。庭院主人希望种植的外来植物不适应当

地水土的情况时有发生，如果无法成活，根本谈不上形成美景。无法满足客户要求时必须拿出更好的方案，提前准备好多种备案是非常重要的。在与树木供应商的交流中可以获得许多知识，这样就能有更多的选择。

想清楚能在给定场景中做些什么，并精选与之匹配的树木，可以说这是造园过程中最重要的一项工作了。

庭院主人希望通过种植美丽红千层、华盛顿扇叶葵、欧洲矮棕等植物来营造异国风情。这里特意选择了可以在该地生长的耐寒品种

为了和对面的森林景色融为一体，在庭院里种植了高大的枫树

通风窗口一直延伸至二楼，因此选择了高大的连香木，其高度和枝叶形态均与窗口匹配得恰到好处

━ 赋予树木使命

　　庭院中的植物都扮演着特定的角色。从主角到配角，应全方位地考虑树木的配置，例如作为视线屏障的遮瑕用枝叶、作为散步和游玩路线重心的树干和绿荫等，一边规划一边给予它们各种定位。在

造园图纸上标出代表树木的符号不是什么难事，重点是我们是否真正理解了其中包含的空间结构和人的关系。

青冈
作为和邻居土地边界的植物

雷公鹅耳枥

腺齿越桔

掌叶枫
入口迎宾树

山樱
标志性植物，拐角处的路标

炮栎
可以从窗口看到的植物

草坪
可以作为进行烧烤等活动的广场，同时还发挥着平衡空间的作用

山白竹
为打造纵深感而设置的近景

小熊笹（矮性山白竹）
为打造纵深感而设置的近景

志贺的光路中植物的作用

━ 确认树木角色的方法

　　赋予树木角色并非什么难事，这一过程从我们考虑该在哪里种植时就已经开始了。例如"这里种树木的话应该会感觉很舒适""如果能从窗口看到枝叶应该很美吧""和邻居的距离有点近，想设置些视线屏障"等，这一系列令人在意的小地方都会成为布置树木的起点。

　　如果位于窗口前，那就赋予它"享受"的功能。

比如种植枝叶形态适合二层视角的树木，或在大窗口处展示树形全貌等，布置手法多种多样。

　　如果位于狭窄的门前通道处，那就可以利用植物来缓和逼仄感，发挥其"创造纵深"的功能。将树木进行前后搭配来营造远近感。种植时使枝叶覆盖住通道，便可以形成一种恍若在森林中散步的感觉。

　　和邻居交界处的植物可以发挥"遮挡"的功能，

比如将它们做成遮挡视线的绿篱。

当然，在讨论角色问题之前，最重要的还是考虑到底要不要在那里种树，凸显空间固然重要，但归根到底，最需要想明白的还是住在那里的人需要什么样的角色。赋予树木角色是为其与庭院主人"建立关系"的第一步，只要这层关系成立了，庭院主人定会在日常生活中对庭院加倍爱惜。

和邻居土地间的边界

打造美丽迷人的外观
在门前通道处迎宾

停车空间的路标

打造美丽迷人的外观
在门前通道处迎宾

平衡景色
打造二层视角的风景

营造门前通道的纵深感

打造美丽迷人的外观

主庭主角
与道路间的视线屏障
营造门前通道的纵深感
打造二层视角的风景

营造门前通道的纵深感

打造美丽迷人的外观
与道路间的视线屏障

N

0 1   5m

制造从室内看到的景色

打造美丽迷人的外观

某住宅的植物布置

想象树木的生长环境

即使是同一种树木，树形也各有差异。仔细观察每一棵树的树形，一边想象其适合的场景，一边进行选择。

想象树木的生长环境就是捷径之一。树木的生长环境和树形间的关系是最直白的，树枝会向着阳光伸展。

以枫树为例，在宽敞环境里成长起来的枫树，由于不受拘束，其树形呈现向四面八方舒展的形态。但如果是处在四周树木茂盛的环境内，枫树为了汲取阳光，会躲开旁边树木的枝叶不断向上生长。同样，当一侧存在高大树木时，就会造就反向单侧伸展的树形。了解了阳光造就树形这一背景后，就该考虑如何活用树形的问题了。首先，要准备和树木生长场所相似的环境。比如刚刚提到的枫树，如果是笔直向上的树形，下方空出的空间就可以供人通过，或活用为停车场。如果是单侧枝叶的枫树，则可以活用其倾斜的形态，种在墙壁前面或者附近。

树木不会自己变换形态，我们要去想象并尊重其树形形成的原因，通过这种方式去创造既适合树木也适合人的环境。

树木的选择方法

即使是同一种枫树也会产生如图所示的各种树形。根据庭院场景去搭配形状和大小都合适的树木，是造园过程中不可或缺的环节。

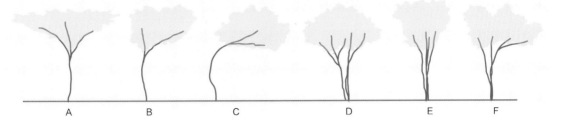

① 沿墙的树形
沿建筑、围墙种植时要选择 B 或 E 这样的树形。B 是单侧枝叶上的树形。选择树木时需要其背面的树形与墙壁契合。根据墙壁高度，A 和 E 这样的树形可以成为点缀内外空间的景致。

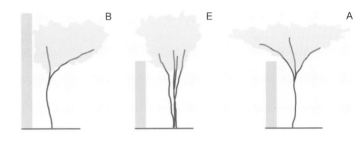

② 广场的树形
像广场这种可以从周围进行360°观赏的场所，D 这样的树形是最合适的。

③ 混栽的树形
可以在树冠下组合其他树木。

④ 坡面的树形
像 C 这样树干弯曲的特殊树形应该种在坡面或与其他树木搭配使用。

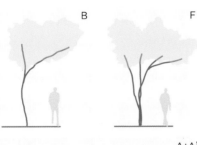

A+A'

⑤ 包围人的树形
在门前通道等处可以利用这种树木的环抱形态制造人的通行空间。像 A、B、F 这样的树形，无论是单独使用，还是像A+A'这样的形式使用，效果都非常好。

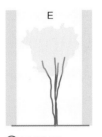

⑥ 细长的树形
最适合空间狭窄的场所。

如此可以产生各种各样的组合。我们需要根据种植场所的条件和用途去选择树木。

163

成为庭院主角的树木

让我们以某处住宅为例，思考树木的选择方法。这是一处面向宽敞庭院的木结构平房，具有带木制门扇的大开口。庭院主角是一棵高大的光蜡树。这棵光蜡树枝叶伸展的横向宽度可达6m，种植在大开口前的开阔草坪上。之所以选择树枝从下部就开始横向生长的树木，是希望在视线高度较低的平房开口处也能欣赏到高4m的光蜡树。这棵树的树形非常少见，实属偶然的邂逅。每当找到合适的树木时，我都深切地感受到与树木的每一次相遇都是一期一会。

枝叶宽度6m，高4m的光蜡树

点缀建筑正面

这幢住宅的前庭面向住宅区，在停车场和住宅之间有着被混凝土包围的种植带。种植带比停车场高800mm，是用混凝土砖块错缝砌成的。为与这一设计相配且保证三处窗户外的景色，特意搭配了树木。为了缓和混凝土砖块的存在感，种植了下垂的常绿藤蔓，还增加了灌木和草类。

综上所述，根据场景和位置的不同，对植物功能和相应的氛围要求也不同。

用乔木柔和建筑，用灌木、藤蔓植物柔和混凝土砖块

▬ 从"遮挡"到"享受"的转换

遮挡视线的方法有许多。是想遮住家里，还是想遮住外面，根据遮挡对象的不同，对策也会相应发生变化，同时还需要考虑庭院的氛围。

首先能想到的就是绿篱，它能像墙壁一样挡住视线。既可以用一种树木制作，也可以用多种树木制成混合绿篱。通过组合高低不同的树木能够创造变化效果，展现更多样的形态；选择多种颜色、形状各不相同的叶片，绿篱的外观就会变得生动活泼起来。

有时也会选择只种植一棵树。比如希望遮挡住室内，不让邻居看见时，可以在窗户或门前种植存在感较强的树木。同时，可以在较高的树木下种植灌木，形成两个层次，树木高度和疏密程度都可以各不相同。

如此一来，"遮挡"这一消极概念就可以通过各种方式完成向"享受"的转换。

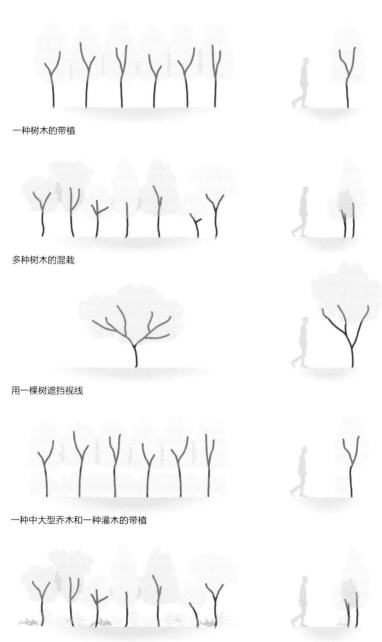

一种树木的带植

多种树木的混栽

用一棵树遮挡视线

一种中大型乔木和一种灌木的带植

多种中大型乔木和多种灌木的带植

作为视线屏障的植物搭配方式

3 搬来一片景

— 如同剪下一片大自然般的感觉

庭院最应该具备的功能就是将森林或山野景色搬进日常生活。虽说庭院要再现自然风景，但在有限空间中造园，有时不得不做减法，因此我们常用正方形、长方形、圆形、直线、曲线等制造边界，强调截取的景致。用铁板或不锈钢板抬高、凸显景致也非常有效。长方形空间使用长方形，梯形空间使用梯形，正方形空间则用正方形，如此截取，留白部分也不难处理。

用长方形截取景致

用车道转弯和建筑曲线截取景色

— 叶缝间洒下的阳光之美

叶缝间洒下的阳光是庭院空间不可或缺的享受。我们之所以不停地被地面和墙壁上的斑驳树影吸引目光而不感到厌烦，是因为那化为影时才会被注意到的树之美，以及那摇曳着的、从叶缝间洒下的阳光。

我们要打造大小和位置会随着时间变化，以及根据风和光的多少能够瞬间发生变化的景色。和太阳一起捕捉时间和季节的变化，甚至连看不见的风的轨迹都能可视化。

只要好好利用叶缝间洒下的阳光，空间就会变得丰富多彩。例如树木的美丽剪影已足够为庭院增彩。当阳光照在树木上时，剪影就会落在墙壁和地面上，此时空间就获得了立体感。

想要更加有效地表现这种立体感，就要去除景色的"噪音"，也就是多余的影子。例如在庭院中使用白色墙壁和白色地面，可以去除多余的景色。在这个空间里，可以最大限度地享受叶缝间洒下的阳光。通过简化建筑和庭院，来更加鲜明地感受平常注意不到的细节。

纯色墙壁去除了景色的"噪声"，可以最大限度地享受叶缝间洒下的阳光

从外墙和横梁缝隙处笔直延伸的光带和叶缝间洒下的阳光

高大连香木叶缝间洒下的阳光凸显了空间的立体感

4 选择素材的方法

▬ 灌木和草本植物

确定了高大树木的配置后，就开始挑选点缀周围的灌木和草本植物。在选择时同样要关注植物本身的生长环境、建筑理念、庭院主人的意向等。与主景树不同的是，灌木和草本植物可以根据不同的组合方式带来多种不同的变化。既可以集中种植一种植物，也可以混栽多种植物，还可以将2~3种花色相同的植物组合种植，根据现场的特点，从无数的搭配组合中选出最合适的一种。细长叶、圆叶、大叶、小叶……叶片的形状、大小、质感、颜色（深绿还是亮绿）都需要——考虑。将红色、黄色、紫色、银灰色等颜色的彩叶植物混搭起来，不同组合可以产生完全不同的效果。植物形态也会给景致带来很大的变化，例如大轮金丝梅可以形成圆形的立体形态；对于色彩丰富的新西兰麻，既可以利用其直线延伸的叶片形状，也可以将它作为混栽中的重点，赋予其多种多样的功能。

对于植物的搭配方法，要将重点放在增加搭配的可能性上。除了造园的专业书籍，日常街景中也蕴藏着许多启示。

山指甲

大轮金丝梅

狭叶十大功劳

棣棠

新西兰麻

水栀子

地被植物

用于大面积覆盖的地被植物有很多种，在使用时要根据庭院功能和希望展现的景致来进行选择。

在这里介绍一些我常用的地被植物的种类及其特征。

草坪

由于耐踩踏、能让孩子在院内跑来跑去而受到很多人的欢迎。但需要进行除草、修剪、施肥等日常维护。不适合背阴和排水条件不好的地方。

苔藓

根据日照条件可以分成许多种类，是一种环境不合适就会立刻衰败的棘手植物。需要细致地进行除草和清扫等日常维护。

马蹄金（播种）

喜欢半阴、潮湿的地方。叶片小而圆，看起来非常可爱。由于是播种类植物，所以比较便宜，但是不耐踩踏。

百里香

属于香草类植物，散发着清爽好闻的香气。4~6月会开出大片的花，特别漂亮，但是不耐踩踏。

沿阶草

适合背阴的庭院，叶片浓绿、有光泽且较长，由于是常绿植物，四季均可欣赏，但是不耐踩踏。

麦冬

沿阶草的矮种。同样适合背阴的庭院，是常绿植物，在冬季也可以欣赏绿意。虽然看起来很强壮，但既不耐干燥也不耐踩踏。

━ 石头的选择方法

石头是庭院不可或缺的要素之一，有着各种各样的用途。

景石

景石是指为造景而单独放置的石头，在日本庭院内，搭配石头以达到平衡景致的过程被称为"**组石**"。即利用石头的大小和高度营造强弱对比，以达到空间上的平衡。山里采来的山石、河里采来的川石、海里采来的海石等，根据产地不同，用于表现的场景也不同。在长时间的水流冲刷下，海石和川石大多外表圆润，山石则大多棱角分明。

在金泽的旅馆中使用了当地的景石

这个庭院对已有的景石进行了重新布置，在高度上也设置了差距以达到平衡

砌石

在存在高差的地方作为挡土砌成的石壁被称作砌石。用具备平面的乱形石材（形状不一的石材）进行砌石的手法被称为"**毛面砌石**"；用不具备平面的乱形石材进行砌石的手法被称为"**乱面砌石**"。此外，还有将石头切成层状、端部对齐叠砌形成的"**错缝砌石**"等。根据石头的特征改变堆砌方式，风格就能产生很大的变化。

统一砌成一面的毛面砌石可以给人平直整齐的印象；乱面砌石能展现石头粗犷的一面；错缝砌石可以调整每一块石头的大小，因此既能砌成直线，也能砌成曲线。

错缝砌石的造园案例

毛面砌石

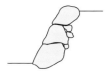 

乱面砌石

 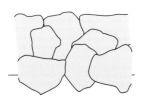

错缝砌石

毛面砌石的造园案例1

毛面砌石的造园案例2

铺石

铺石是指用石头覆盖地面。根据使用石头的种类和铺石手法的不同，印象会产生很大的改变。使用形状不一的石板像拼图一样进行铺贴的叫作"**组合铺石**"，用正方形或长方形石板进行铺贴的叫作"**方形铺石**"，将正方形和长方形石板组合铺贴的叫作"**方形组合铺石**"，还可以用一样大的小石子铺得像地毯一样。铺石的接缝大小也会给庭院风格造成很大影响，因此在配置时要特别注意间隔。例如较深的接缝可以凸显石头的厚度，呈现具有力量感的材质阴影。相反，接缝较浅则看起来安静雅致。石头的颜色、质感、铺贴手法各有千秋，一定要选择最适合规划用地的。

方形组合铺石（錾凿）

组合铺石

方形铺石（机器加工）

方形组合铺石（自然切面）

踏脚石

将表面平坦的石头根据步幅大小进行布置，用这种手法在庭院中"埋下"人的行动路线。既可以用形状不一的天然石头，也可以用加工成方形的石头进行铺设。方形用来铺直线，乱形用来铺曲线，以此为人引路。踏脚石表面露出地面的高度叫作邻接平面差，扩大邻接平面差会使石头看起来更厚，存在感也更强。

大谷石石板（预制块砌筑）

铁平石

惠那石

● 植物以外的地面覆盖物

　　除了植物以外，砂石、木屑等也可以用于地面覆盖，有时也会故意露出土地。铺砂石时要仔细挑选砂石的大小、颜色等。砂石过小可能会看起来像猫砂；过大的砂石虽然容易呈现材质本身的凹凸感，但也会妨碍行走；在较大块的砂石中，最具有代表性的就是凹凸感很强的碎石块。砂石包括灰色系、青色系和褐色系等多种颜色，虽然也有白色系的，但纯白的石头脏污后非常显眼，需要特别注意。铺上砂石或木屑后，地面不容易长杂草，还能防止表面干燥，在庭院的维护和保养上也具有非常好的效果。

铺砂石的造园案例

铺木屑的造园案例

铺碎石块的造园案例

5 通过实例解读树木作用

▬ 绿意连接的立体式游玩路线：Galleria 织部

　　接下来将介绍现场实际的造园步骤。Galleria 织部位于岐阜县多治见市，是一座集画廊、商铺、咖啡厅于一体的建筑设施，下面就以该处中庭的造园过程为例进行讲解。规划用地的中庭位于一层，被咖啡厅、商铺、画廊所包围。庭院四周环绕着回廊，中庭具有很强的向心性。中庭是一个二层（部分三层）天井，造景时保证了二楼租户（主要指租用场地进行经营的商户）也能欣赏到绿意。

　　一层将高大的掌叶枫作为主景树，枝叶舒展，生机勃勃。虽然这棵掌叶枫既是主角也是路标，但还是打薄了枝叶，以展现回廊的纵深。掌叶枫周围分散着高6m以上的白蜡树，一直延伸至二层。白蜡树下方枝干较少，枝叶大多在上方展开，但树干上有着美丽的白色斑点，因此一层主要展现其树干。伸展至二层的树木除了白蜡树，还有一棵掌叶枫。这棵和作为主景树的那棵为同种，但由于生长环境的差异，树形完全不同。为了形成更加立体化的植物配置，在树木的根部搭配了灌木和草本植物，同时考虑到植物色彩和密度的平衡，添加了山矾、腺齿越桔、马醉木以丰富枝叶，为一层视角的景色增彩。

植物的作用

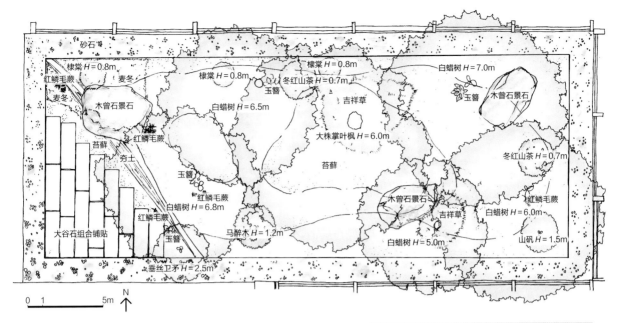

砂石

棣棠 H=0.8m
红鳞毛蕨
麦冬
麦冬
木曾石景石
苔藓
夯土
红鳞毛蕨
玉簪
红鳞毛蕨
白蜡树 H=6.8m
红鳞毛蕨
大谷石组合铺贴
玉簪
垂丝卫矛 H=2.5m

棣棠 H=0.8m
白蜡树 H=6.5m
玉簪
棣棠 H=0.8m
冬红山茶 H=0.7m
吉祥草
大株掌叶枫 H=6.0m
苔藓
木曾石景石
吉祥草
马醉木 H=1.2m
白蜡树 H=5.0m

白蜡树 H=7.0m
玉簪
木曾石景石
冬红山茶 H=0.7m
红鳞毛蕨
白蜡树 H=6.0m
山矾 H=1.5m

0 1 5m
N ↑

织部中庭 / 岐阜建筑设计事务所
岐阜县多治见市
为陶器店的咖啡厅、商铺、画廊打造的中庭

规划概况

一层 回廊建筑的建筑方案。被咖啡厅、商铺、画廊包围的空间。咖啡厅和画廊之间的入口在室外。

二层 租户区域。中庭上方为天井，因此从二楼也能看到庭院的树木。为呈现良好的氛围，需要种植较高的树木。

阳台   枫树   阳台

二层阳台看到的景观和一层租户看到的景观

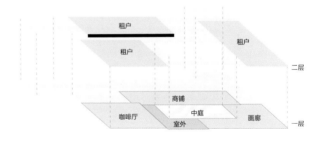

夯土
铺石

理念和提案

① 由于庭院主人经营的是陶器店，所以以陶器原料——土为主题。
　→ 该设计以土为主题，用夯土展示地层

② 制造二层视角的景致。
　→ 加入较高的树木

③ 只有枝叶伸展到二层的树，导致一层只能看到树干。
　→ 种植一层也非常值得一看的枫树

④ 地被植物使用庭院主人希望种植的 4 种苔藓。
　→ 将沙藓（阳）、金发藓（阳 ~ 半阴）、大灰藓（半阴）、羽藓（阴）按照日照状况呈马赛克状种植

⑤ 中庭内侧出现长方形散水。
　→ 铺上带状砂石并用铁板分隔

⑥ 入口处延续了外部通道路线。
　→ 将夯土挡土靠近入口处的三角区域铺上石板以拓宽通道

规划初期的模型照片

庭院完工前①

安置景石+压土

造园的顺序，基本都是从大型的工作开始的。虽然种植树木（乔木）属于打造庭院框架的作业，但这次如果先植入树木，景石就很难运进来了，因此先布置了景石。

④　从重 2.5 t 的大石头开始布置。设置了 3 个景石作为庭院的框架。将景石暂时放置在一边，先确定其位置。

①　着手前。散水的界限已用铁板隔开，照明工具、给水管、排水管的建设施工均已完工。

⑤　定好景石位置后挖土。一边考虑景石的形态一边决定埋入地下的高度和露出地面的高度。为便于微调，尽量把坑挖大些。

②　事先在石料店精心挑选的景石。使用了当地的美浓石和木曾石。

⑥　将选好位置的景石吊起调整朝向。

⑦　先将景石暂时放置在刚才确定好的位置上，再次斟酌其位置。后续工作则一边设想树木种植的位置一边进行景石的摆放。

③　使用大型起重车将较重的景石搬入。

⑧　一边调整石头的朝向和高度一边摆放。在放好的石头下部填土，一边用捣固杆按压固定。

⑨　压土 + 平整地基（暂时）。将景石周围的土进行回填。整理石头附近的地面，使石头和地面的连接处平整。

关于日本庭院的景石组石，有个不等边三角形理论。我们尝试一边寻找平衡一边布置，结果果然呈现不等边三角形了。

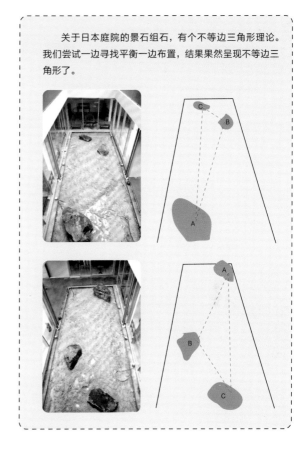

通过改变三个景石的高度赋予它们变化。

A 主石（角基石）
为了凸显张力，让石头顶端巧妙地向前突出，赋予主石强烈的存在感。

B 副石
衬托主石的存在。顶部呈水平状态，具有安定感。

C 添石
原本长着苔藓的石头。使之与铺着苔藓的庭院地面融为一体。石头上的苔藓和地面上的苔藓连为一片，削弱了存在感。

哪里是石头的正面　　　　　埋到什么高度

石头的朝向
石头的正面

地平线

同一块石头也会因为朝向和露出多少的不同形成不同的感觉

地平线

庭院完工前②

植树

和安置景石的过程相同，从事先选定的树木中挑选体积较大的开始配置、种植。

白蜡树
1. 位于近处，可以营造纵深
2. 向一层展示树干
3. 二层可以欣赏繁茂的枝叶

掌叶枫
制造一层主要的景观，起到主景树和路标的作用

掌叶枫
1. 位于近处，可以营造纵深
2. 向一层展示树干
3. 二层可以欣赏繁茂的枝叶

垂丝卫矛
位于近处，可以营造纵深

冬红山茶
用于展示里侧区域的重点植物

吊钟木
起平衡作用

吉祥草
围根植物

庭置景石的植物

围根草类，掩饰树木根部的植物

① 将树木吊起来种植

将树木移动到预定位置附近。

② 解开捆绑树木的绳子、整理树枝

为了方便搬运，将伸展的树枝用绳子收紧集中。解开绳子后，树木会恢复原来的姿态。

③ 踩点放置

为了确定植树位置、朝向、倾斜程度，需要进行踩点。站在最佳观赏点指挥定位时，要预先设想植树时根部埋入地面后树木降低的高度。

④ 挖洞

踩点确定位置后，沿着根部周围在地面做记号，然后将根部移开以免妨碍作业。挖洞时要比标记挖得大些，洞的深度既不能过深也不能过浅。

不能留缝隙

将土填成坐垫状使树木"坐"在上面

⑤ 调整土壤状态

微调暂时放置的树木的朝向和倾斜程度，确定后将混入土壤改良材料的客土回填。

土壤改良材料包括肥料、改善透气性和透水性的物质、改善保水性的物质、调整土壤 pH 值的成分等，根据树种、特征、种植地点的土壤状态进行选择。

因为枫树喜欢砾质土，所以将现场的碎石混入树坑中以增加土壤间隙，使透气性变好。同时，将腐叶作为肥料混入，为了改良保水性，还混入了蛭石。

有的树种喜欢酸性土，有的树种喜欢碱性土，要根据树种的喜好调整土壤

⑥ 定根水和定根土

回填时，要一边填客土一边加水，同时用捣固杆或铲子按压根部周围以防残留过大的空洞，这就叫作加定根水。根据树种不同，有时不加水，只用土壤固定根部（松树等），叫作加定根土。

⑦ 种树

先决定主景树的位置，周围的树木则从体积大的开始种植。在靠前的部分设置夯土墙的模框，夯土墙是用来再现出露地层的。

⑧ 将照明器具、管线等设备埋入土中

埋设照明器具、排水管线和喷水管线等。

⑨ 平整地面

为使地面看起来更加立体，一边设置地面起伏一边填入客土，不断地修整地面，使之平整。

⑩ **剪枝**

为种好的树木剪枝。修剪掉枝叶拥挤和生长状态不好的部分，使枝叶的体量适中。为刚种好的树木剪枝可以抑制水分从叶片蒸发，有利于树木的健康生长。

照片中为枫树的剪枝。枫树的剪枝通常不使用剪刀，而是用手折枝。用手不会像剪刀那样留下切口，处理效果更加柔和。

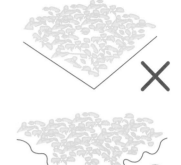

草本植物、苔藓的轮廓线

⑪ **灌木和草本植物的种植**

灌木和草本植物也需要像乔木那样，在种植时确定植物的正面和朝向。

为形成群落，在集中种植草本植物时，要注意不要使轮廓变成不自然的直线或直角。

同种植物集中种植时切忌拥挤，按照叶子的伸展方向排列种植是最自然的。

⑫ **铺上苔藓**

最后是铺上苔藓。考虑到现场的日照状况，选用了喜阳的沙藓、金发藓，喜半阴的大灰藓和喜阴的羽藓。

(12-1)　铺苔藓前再次整理地面，使场地平整。

(12-2)　铺苔藓时直接按长方形草皮铺是最快的，但由于实在接受不了不自然的直线接缝，于是将其切成了马赛克状拼接在一起。

(12-3)　为了更好地附着在土壤上，用抹子等用力拍使之和地面贴合得更紧密。注意不要让抹子上的泥土弄脏苔藓，也可以事先将地面打湿。

(12-4)　由于铺了苔藓，所以使用了雾化灌溉的方式。

12-4

住宅植物一览

no.	项目名称	乔木	灌木/草本植物	地被/藤本植物
1	利用倾斜地势打造立体散步体验	HX-villa	白蜡树、日光冷杉、红枫、金木犀、大叶钓樟、枹栎、紫薇、苦槠、具柄冬青、垂丝卫矛、腺齿越桔、罗汉竹、山樱、四照花、掌叶枫	马醉木、吉祥草、山白竹、小熊笹（矮性山白竹）、蜡瓣花、三叶杜鹃	草坪、麦冬
2	利用植物打造空间的纵深感	岐阜住宅	白蜡树、钓樟、垂枝梅、苦槠、具柄冬青、腺齿越桔、山矾、流苏树、掌叶枫、侘助山茶	马醉木、吉祥草、玉簪、瑞香、蜡瓣花、一叶兰、十大功劳、红鳞毛蕨、棣棠、珍珠绣线菊	草坪、麦冬
3	一棵树形成的"疏"之景	N Residence	榉树、日本紫茎	马醉木、六道木、全缘贯众、红鳞毛蕨	地锦
4	用低矮树丛打造层次丰富的迎客空间	I Residence	连香木、垂丝卫矛、山矾、小叶鸡爪槭	百子莲、六道木、大花六道木（黄色斑纹）、大花六道木（粉色斑纹）、玉簪、金丝梅、大盖球子草、麻兰、铺地柏、水栀子、狭叶十大功劳、棣棠、百里香	
5	厚重屋檐下野趣横生的露天区域	T Residence	华山矾、具柄冬青、腺齿越桔、掌叶枫	绣球花、倭竹、吉祥草、铁筷子、蕨类、大吴风草、黄精、南天竹、十大功劳、金边阔叶麦冬、知风草、富贵草、肾形草、白边玉簪	麦冬、沿阶草
6	用石与铁修饰的有落差的庭院	玄以之家	白蜡树、小叶鸡爪槭、具柄冬青、山矾、腺齿越桔、四照花、掌叶枫	倭竹、小熊笹（矮性山白竹）、斑叶芒、红鳞毛蕨	草坪、沙藓、麦冬
7	利用树木层次营造进深	F Residence	白蜡树、光蜡树、具柄冬青、山茶、垂丝卫矛、乌药、腺齿越桔、山矾、长柄双花木、掌叶枫	大花六道木（粉色斑纹）、吉祥草、玉簪、春兰、大吴风草、蜡瓣花、一叶兰、十大功劳、水栀子、知风草、红鳞毛蕨、狭叶十大功劳、棣棠、珍珠绣线菊	沙藓
8	用镶嵌式美景碎片来点缀生活	平房式天井住宅	白蜡树、光蜡树、小叶青冈、染井吉野樱、山茶、垂丝卫矛、山矾、长柄双花木、掌叶枫	青木、苔草、吉祥草、斑叶芒、南天竹、十大功劳、百两金、富贵草、三叶杜鹃、结香、棣棠、迷迭香	沙藓、麦冬
9	用乔木带制造浓密阴影	名古屋住宅	白蜡树、日光冷杉、欧洲橄榄、连香木、光蜡树、苦槠、具柄冬青、三角枫、腺齿越桔、冬青、山矾、流苏树、毛果槭、掌叶枫	六道木、澳洲茶、玉簪、金丝梅、美丽薄子木、新西兰麻、一叶兰、"巴港"平铺圆柏、加拿利常春藤、狭叶十大功劳、棣棠、百子莲、迷迭香、百里香	
10	活用小径空间打造绿色隧道	铺石板的住宅	小叶鸡爪槭、金木犀、具柄冬青、垂丝卫矛、腺齿越桔、山矾、四照花	吉祥草、瑞香、富贵草、珍珠绣线菊	
11	通过喜水植物打造庭院水景	枫之庭	伊吕波红叶、红枫、金木犀、小叶鸡爪槭、掌叶枫	吉祥草、玉簪、山白竹、日本鸢尾、春兰、睡莲、大吴风草、长苞香蒲、南天竹、棣棠、芦苇、复叶耳蕨	草坪、麦冬
12	分散布置的五感空间体验	春日井住宅	白蜡树、野茉莉、欧洲橄榄、连香木、光蜡树、具柄冬青、白玉兰、掌叶枫、台湾含笑、金木犀、山茶花、山茶	绣球花、百子莲、薜荔、洋甘菊、玉簪、金丝梅、蕨类、绣线菊、日本鸢尾、石楠花、白及、瑞香、大吴风草、爬山虎、铺地柏、一叶兰、水栀子、薄荷、香茅、迷迭香、百里香	草坪

no.		项目名称	乔木	灌木/草本植物	地被/藤本植物
13	打造具有异域风情的立体空间	有副楼的住宅	欧洲橄榄、黄栌、欧洲矮棕、山矾、桃金娘、美丽红千层、可食柯、华盛顿扇叶葵	龙舌兰、玉簪、波斯红草、百里香、新西兰麻、肾形草、豆瓣绿、迷迭香、复叶耳蕨	
14	华夫饼状的室内花园与起居室融为一体	羽根北住宅	爱心榕、密叶猴耳环、九里香	掌叶铁线蕨、铁角蕨、山菅、星点木、腋花干叶兰	
15	10m²内的茶事路线	返町屋	金木犀、珊瑚树		羽藓、金发藓、沙藓、大灰藓、白发藓
16	镶嵌赏花台的停留空间	长良川住宅	青皮木、马醉木、野茉莉、垂樱、具柄冬青、垂丝卫矛、罗汉竹、金缕梅、四照花、掌叶枫、柿树、罗汉松	吉祥草、大吴风草、棣棠	草坪、麦冬
17	活用原有植物和通道，使内外连通	刈谷住宅	青木、蚊母树、银杏、朴树、茶树、树参、樟树、黑松、樱花、山茶花、珊瑚树、南烛、厚叶石斑木、日本扁柏、竹子、杜鹃、山茶、吊钟花、罗汉松、枫树、八角金盘	绣球花、栀子、南天竹、一叶兰、日本鸢尾	
18	在住宅中种植乡土植物	筑波住宅	白蜡树、青皮木、青冈、榉树、娑罗、加拿大唐棣、小叶青冈、具柄冬青、疏花鹅耳枥、日本紫茎、合欢、山胡椒、掌叶枫、杨梅	六道木、野扇花、长春蔓、南天竹、棣棠	细叶麦冬
19	以场地原貌和回忆为出发点进行修景	M Residence	金木犀、小叶鸡爪槭、垂枝梅、腺齿越桔、荷花玉兰	日本鸢尾、大吴风草、一叶兰、十大功劳、红鳞毛蕨、狭叶十大功劳、珍珠绣线菊	金发藓、沙藓、白发藓、麦冬
20	享受细节中的异国情调	冈崎住宅	欧洲橄榄、光蜡树、美丽红千层	满天星、六道木、大花六道木（黄色斑纹）、牛至、玉簪、新西兰麻、铺地柏、满天星、多花素馨、锦熟黄杨、迷迭香、百里香	
21	在设计中融入住宅的历史与风情	理科町屋	掌叶枫、红枫、金木犀、黑松、锦绣杜鹃、枫树、石楠	马醉木、蜡瓣花、南天竹、一叶兰、棣棠	沙藓、麦冬
22	作为公私区域间缓冲的绿意	O-clinic/O-house	白蜡树、野茉莉、垂丝卫矛、四照花、掌叶枫	吉祥草、大吴风草、狭叶十大功劳、珍珠绣线菊	沙藓、麦冬
23	打造建筑正面的树丛通道	TG Residence	连香木、小叶鸡爪槭、光蜡树、乌药、腺齿越桔、山矾、日本紫茎、野山茶、山绣球、掌叶枫	莎草、吉祥草、玉簪、金丝梅、十大功劳、棣棠	
24	生长在城市森林里的原野庭院	志贺的光路	雷公鹅耳枥、青冈、枹栎、腺齿越桔、山矾、山樱、掌叶枫	山白竹、小熊笹（矮性山白竹）、三叶杜鹃	草坪
专栏01	商业街的小森林	柳濑商业街	白蜡树、连香木、枹栎、苦槠、山茶、冬青、掌叶枫	吉祥草、胡枝子、水栀子、棣棠	
专栏02	复健用绿道	近石医院	白蜡树、野茉莉、连香木、榉树、紫薇、栲树、加拿大唐棣、腺齿越桔、冬青、长柄双花木、四照花、掌叶枫、杨梅	马醉木、冬红山茶、玉簪、蜡瓣花、冰生溲疏、水栀子、狭叶十大功劳、美丽胡枝子、紫珠、土麦冬、棣棠、珍珠绣线菊	草坪
	织部中庭		白蜡树、垂丝卫矛、山矾、掌叶枫	马醉木、冬红山茶、吉祥草、玉簪、棣棠	羽藓、金发藓、沙藓、大灰藓

结语

学生时代的恩师告诉我，庭院中的树木不仅可以增加，有时去除了反而能达到良好的平衡效果，不能只盯着其中一个要素，重要的是让周围的环境融为一体。从事庭院设计工作后，我有时会一不小心只关注庭院，把建筑和庭院当成不同的空间来看待。但是，当我把它们看作一个空间时，自然而然地就能设计出能够衬托建筑之美的景色了。无论是在做庭院规划时，还是现场种树时，我始终在思考这种"庭院与建筑的和谐关系"。

成立园三株式会社后，我一边探索体现恩师教诲的设计，一边全情投入造园现场，埋头于每天的工作中。这样的日子一直持续着，直到某年年底，学艺出版社的岩切江津子女士问我是否能将与建筑完美结合的造园方法写成一本书。之后在和岩切女士的反复商谈中，我脑中所想的东西被一点点地引导出来，一转眼已经过了五年，这本详细解读何为庭院"难以言喻的魅力"的书也完成了。

从事造园行业的父母有着"让世界充满绿意"的远大梦想，我从小耳濡目染，因此毫不犹豫地走上了造园的道路。独立后，我深信一座庭院会改变城市的面貌，哪怕只有很少的一点，这种改变连接起来，就会成为让世界充满绿意的开端。我就是怀着这样的想法一直在从事造园工作。绿之景不仅仅是眺望时的一片美景，更是通过这种方式去拓展生活的场所，以更加生动的"空间"去编织时间。我想只有将这种生活持续下去，"绿"的世界才能不断扩大。为了完成这本书，我花费了很长时间，在写作的过程中一边回想和庭院主人及建筑师的交流，一边时而快乐时而反省，虽不能说是全部，也算注入了我至今为止的许多经验和智慧。希望能以本书为契机，今后可以继续和庭院主人、建筑师以及造园同仁一起拓展充满绿意的生活。

园三（田畑了）

谢辞

首先，我要对在本书写作过程中给予帮助的各位庭院主人和建筑师表示衷心的感谢。同时，如果没有一直与我一同参与造园的各位匠人，我理想中的庭院也无法得以实现。此外，给各位进行大量资料收录的工作人员添麻烦了。最后，感谢为我撰写推荐词的永江朗先生和我的责任编辑岩切江津子女士。